浙水设计 水利技术丛书

河湖综合治理实践

浙江省水利水电勘测设计院有限责任公司 编著

·北京·

内 容 提 要

河湖综合治理涉及水利、环境工程、园林景观等多个技术领域。然而，很少有实践者进行河湖综合治理的案例汇编。本书汇编了浙江省水利水电勘测设计院有限责任公司近年来水环境综合治理的一些大小案例，突出“综合”、突出“跨界”，意在区别于传统的治水方法和理念。

本书是《浙水设计 水利技术丛书》中的一册，也是浙江省水利水电勘测设计院建院60周年的系列丛书之一。本书主要面向广大从事河湖治理的工程技术人员，包括设计、建设、施工、管理等领域相关专业的技术人员，旨在为大家提供一个参考借鉴。本书图文并茂，可读性和实用性强，亦可作为高校师生、科研人员的参考用书。

图书在版编目（CIP）数据

河湖综合治理实践 / 浙江省水利水电勘测设计院有限责任公司编著. -- 北京 : 中国水利水电出版社, 2022.8
（浙水设计 水利技术丛书）
ISBN 978-7-5226-0774-0

Ⅰ. ①河… Ⅱ. ①浙… Ⅲ. ①河流－综合治理－研究－中国②湖泊－综合治理－研究－中国 Ⅳ. ①TV882

中国版本图书馆CIP数据核字(2022)第107798号

书　　名	浙水设计 水利技术丛书 **河湖综合治理实践** HEHU ZONGHE ZHILI SHIJIAN
作　　者	浙江省水利水电勘测设计院有限责任公司　编著
出版发行	中国水利水电出版社 （北京市海淀区玉渊潭南路1号D座　100038） 网址：www. waterpub. com. cn E-mail：sales@mwr. gov. cn 电话：（010）68545888（营销中心）
经　　售	北京科水图书销售有限公司 电话：（010）68545874、63202643 全国各地新华书店和相关出版物销售网点
排　　版	中国水利水电出版社微机排版中心
印　　刷	清淞永业（天津）印刷有限公司
规　　格	184mm×260mm　16开本　11.25印张　240千字
版　　次	2022年8月第1版　2022年8月第1次印刷
印　　数	0001—1500册
定　　价	**96.00元**

《浙水设计 水利技术丛书》
编 委 会

《河湖综合治理实践》
编 写 人 员

主　　编　娄绍撑　王　鑫

副 主 编　刘　哲　贺金仁　林婉婷

编写人员　（以姓氏笔画为序）

丁　侃　王　鑫　方咏来　邓　玥　卢晓燕　毕文哲
刘　哲　刘双艳　刘雪强　汤鲲鹏　许　乐　巫文龙
李　军　李　杰　李卜义　李世锋　杨怡平　肖　钰
吴　边　何春光　余族华　汪宝罗　沈孔成　沈培锋
沈镇伟　陈琦芳　陈博旻　邵　靓　林婉婷　季旭辉
周　伟　郎小燕　赵颖杰　贺金仁　夏兆光　徐小燕
殷　璐　黄　春　黄海杨　康　颖　彭常青　蒋贤伟
蓝雪春　楼加仙　雷金平　臧　松　潘珊珊

前言

河湖综合治理指河湖水环境提升、水生态修复与保护、水生态景观、涉水市政、人工湿地等工程。它具有区别于传统水利工程的综合性与跨界的特点，既是水利工程，也是生态工程、环境工程，并且含有市政工程与景观工程方面的内容。

当前，在构筑“中国梦”的进程中，“美丽河湖建设”占据了重要位置，同时“海绵城市”“城市双修”的规划建设与河湖综合治理密切相关。传统水利河湖治理正在从农村向城市推进并转型。这些都为河湖综合治理提供了极好的发展平台与机遇。

浙江省的河湖综合治理一直走在全国前列，提出了诸多先进又实用的理念与方法并付诸工程实践。本书案例主要来源于浙江省水利水电勘测设计院有限责任公司近几年河湖综合治理工程的实践与应用，有部分工程已经建成，也有正在建设之中的，还有尚处于策划设计阶段的。

虽然当前河湖综合治理尚未有成熟的理论体系，部分河湖综合治理的观点业界存在争论并未达成共识，但是河湖治理不能等待理论成熟再做，应该“少一些争论，多一些实践”，从实践中提升理论，再进一步指导实践，这是编写本书最主要的出发点。

编者

2022 年 3 月

目录

第1章
技术综述

1.1 水岸治理新技术

1.1.1 新型生态堤岸

1. 生态格网

生态格网防护技术是指将抗腐耐磨高强的低碳高镀锌钢丝或铝锌合金钢丝（或同质包塑钢丝）编织成生态的、六边形网目的网片，根据工程设计要求组装成箱笼，并装入块石等填充料后形成一体结构，用于堤防、路基防护等工程的新技术。网片的钢丝由锤炼过且热镀锌的软钢制成，也可在低碳高镀锌或铝锌合金钢丝表面包覆一层经特殊优化的高抗腐蚀树脂。其成品结构具有防锈、防静电、抗老化、耐腐蚀、高抗压、高抗剪等特点，能有效抵抗海水或高度污染环境的侵蚀。

生态格网一般分为格网挡墙（图1.1-1）和格网网垫（图1.1-2）。格网挡墙尺寸相对较大，层层叠加，形成相对直立的挡墙结构；格网网垫厚度较薄，呈扁平状，主要用于固坡防冲。

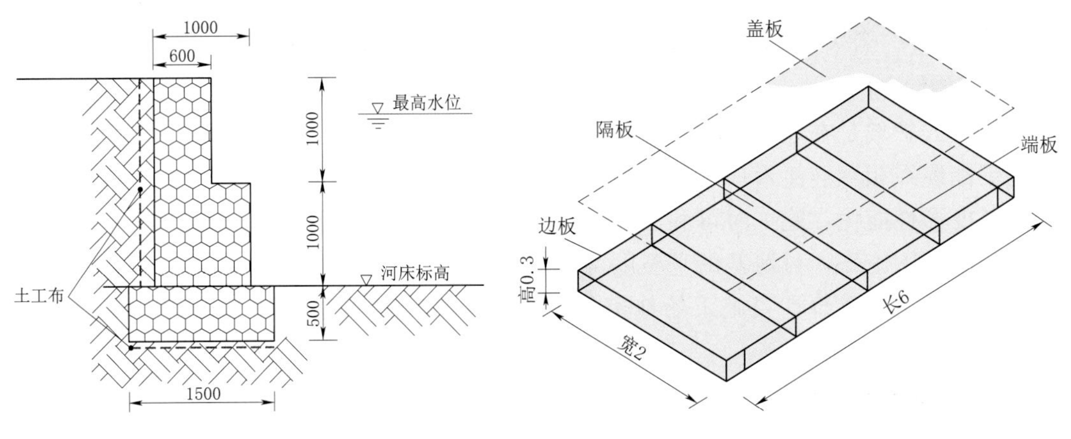

图1.1-1 格网挡墙示意图（单位：mm）

图1.1-2 格网网垫示意图（单位：m）

2. 生态砌块挡墙

生态砌块挡墙（图1.1-3）是在干垒挡土墙的基础上开发的一种新型柔性拟重力式结构。它主要依靠自嵌块块体、填土，通过土工格栅连接构成的复合体来抵抗动、静荷载的作用达到稳定的目的。

常见的砌块分两类：一类规格较小，可以单人搬动，但需要土工格栅加筋，与墙后填土形成整体受力；施工时摆放、定位简单，但墙后填土需与土工格栅分层施工碾压较为麻烦。另一类规格较大，无法单人搬动，需要施工机械吊装人工配合就位；由于自重较大，无需土工格栅加筋，利用自身重量即可满足挡土要求；施工时摆放、定位麻烦，但墙后填土施工较为方便。

3. 联锁式护坡

联锁式护坡（图1.1-4）是一种集护坡、生态修复、装饰为一体的生态建设系统。它是一种在欧洲、美国等一些国家广泛推广，适用于中小河流，控制土壤免受河水侵蚀，可以人工铺设的新型联锁式预制混凝土块铺面系统。

生态联锁式护坡采用了刚性材料、柔性结构的护坡设计理念。联锁的设计非常独特，每块联锁砖块与附近的六块砖具有超强的连接作用，因此，其铺面系统在河水的冲刷下仍然能保持较高的整体稳定性。同时，随着联锁块砖中央孔中植物的生长，不仅能够提高护坡的耐久性和稳定性，还能起到保护河道生态环境的作用。

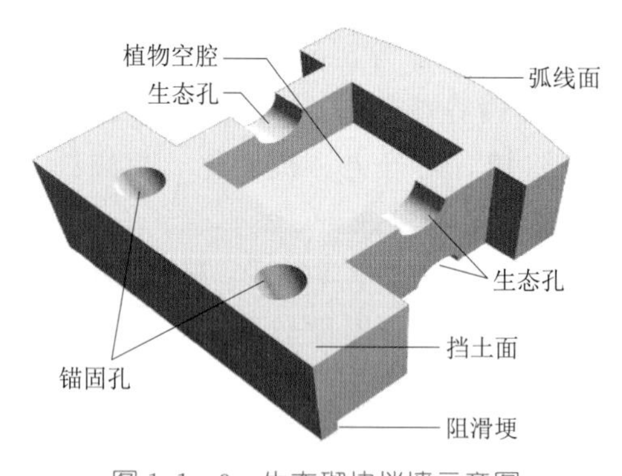

图1.1-3　生态砌块挡墙示意图

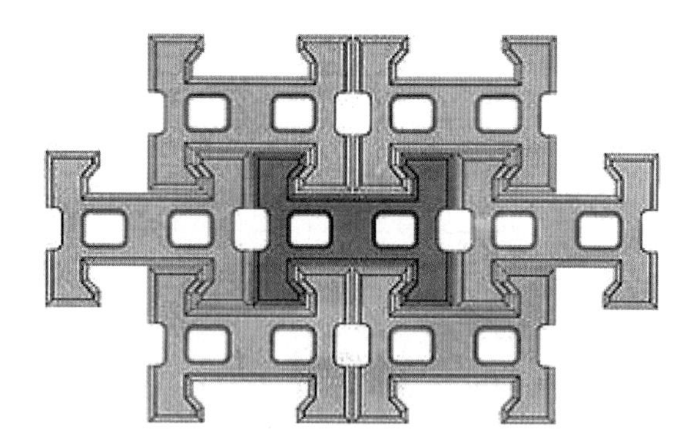

图1.1-4　联锁式护坡

4. 铰接式护坡

铰接式护坡是在联锁块基础上加强而来的，由一组预制混凝土块，用镀锌的钢缆或聚酯缆绳相互连接形成连锁型矩阵，铺面整体性强、自重大、抗冲能力较强，适应地基变形性能优，施工时可利用机械整体吊装就位，可大大提高施工效率。同时，还可实现水下施工，对地基的平整度等质量要求较低。缺点是由于增加了串联缆索，相应增加了工程造价；当施工场地条件受限，大型施工机械操作不便时，现场缆索连接相对比较困难。

5. 生态混凝土护坡

生态混凝土护坡（图1.1-5）是日本在河道护坡方面的研究成果，主要由多孔混凝土、保水材料、难溶性肥料和表层土组成。多孔混凝土由粗骨料、混有高炉炉渣的水泥、适量的细骨料组成。保水材料常用无机人工土壤、吸水性高分子材料、苔泥炭及其混合物。表层土铺设在多孔混凝土表面，形成植被发芽空间，同时提供植被发芽初期的养分。通过种植植物，利用植物与岩土体的相互作用，对边坡表层进行防护、加固，使之既能满足对边坡表层稳定的要求，又能恢复被破坏的自然生态环境，是一种有效的护坡、固坡手段。应用经验表明，很多植物都能很好地生长在植被型生态混凝土上，紫羊毛、无芒雀麦还表现出了较好的耐碱性、耐旱性。另外，护坡型生态混凝土还可以作为鱼槽和人工礁石，此时构件的表面应做成凹凸不平的形状，使之尽量接近自然形态的河床、河岸。这样不仅可以为水中的植物提供根部的附着场所、为鱼类提供水中生息场所，还可以起到净化水质的作用。

6. 生态袋

生态袋（图 1.1－6）是一种袋装土组合堆叠护坡结构。袋体采用聚丙烯等高强度土工材料制造，具有透水保土的功能，既能防止生态袋内填充物的流失，又可以实现水分在土壤中的正常流通，且植物能通过袋体自由生长。装满土（可以选择性地调整土壤营养）的生态袋码砌到边坡上，生态袋之间用连接扣相连。砌好后，还可以往上面种植各种绿色植物，植被根系会加强生态袋紧密度和连接强度，形成永久性生态绿色边坡。

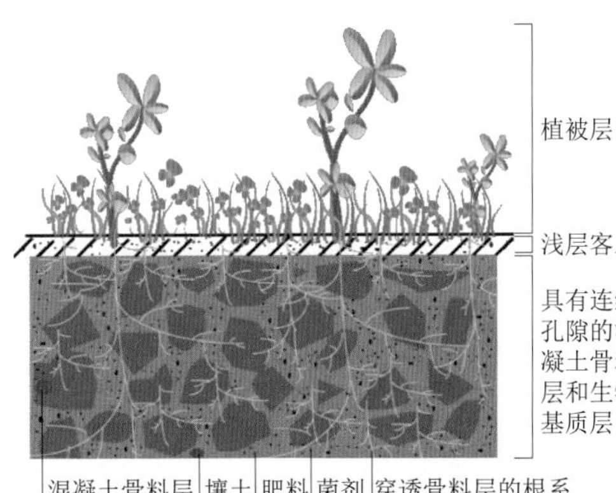

图 1.1－5 生态混凝土护坡

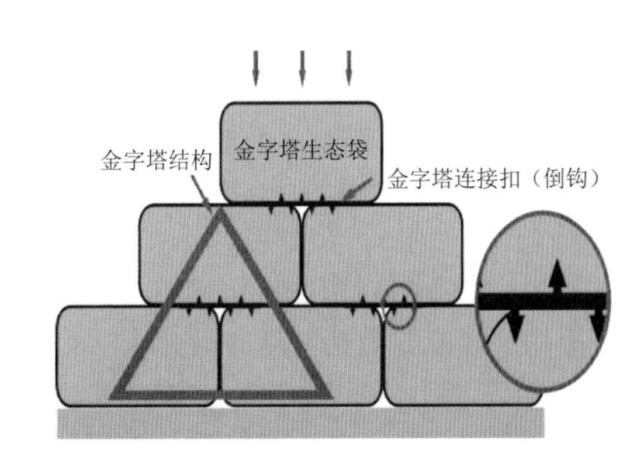

图 1.1－6 生态袋

生态袋的绿化方式一般分 4 种：①内粘播：直接把草种粘在袋子内侧，不易被流水带走或者飞鸟吞食，可提高出草率和长期绿化效果。②压播：适用于枝条，藤状类植物，较适合水位涨落带，适宜各种坡比边坡。③插播：适用于乔、灌、花、草类植物，使植物层次丰富，也可构筑各种图案。④喷播：适用于大面积的绿化作业，施工快捷，但不适宜水位变动部位和暴雨天气。

7. 植生毯

植生毯（图 1.1－7）是一种复合纤维织物与多样化草种等配套养护材料一体化的新型生态护坡、水土保持产品。它是在三维土工网垫基础上的一种优化产品。整卷运到工地，坡面平整后铺设，坡顶、坡脚需采用压顶和压脚，坡面用 ABS 钉固定。一般铺设于河川堤坝的护岸边坡上，借以控制水力侵蚀、防止土壤流失，同时达到保护岸坡稳定、生态修复及景观绿化的功能。抗冲植生毯结构共有 4 层。

第 1 层为复合纤维织物层，其材质为高强度涤纶，包覆 PVC，由机械编织而成，

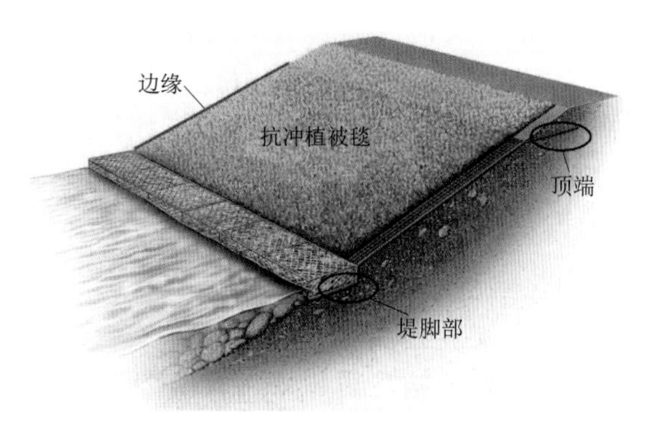

图1.1-7 植生毯

主要承受来自外界的流体力，保证了在草种发芽及后期阶段的抗冲性能。

第2层为反滤材料层，材质为无纺布，主要起反滤作用，当遇到水流冲刷时，防止土壤、草种及肥料的流失。

第3层为草种、肥料、保水剂层，一般选用适宜当地生长的草种，当株高为0.1～0.3m，结合工程当地实际情况选择3～5个草种。

第4层为纤维层，材质为复合纤维，起固定草种、防止草种散落的作用。

8. 土工格室

土工格室（图1.1-8）是由聚乙烯片材经高强力焊接或铆接而制成的一种三维网状格室结构。土工格室可置于岸坡土体中，并在形成的格室填种植土、本土植被物种、碎石等材料组成的混合物，同时还可以扦插不同植物类型的活枝条。

土工格室利用其三维侧限原理，通过改变其深度和孔型组合，可获得刚性或半弹性的板块，可以较大幅度提高松散填充材料的抗剪强度，抗冲能力较强。由于土工格室具有围拢及抗拉作用，因此其内填料在承受水流作用时可免于被冲刷。植被生长充分后，可使坡面充分自然化。形成的植被有助于减缓流速，为野生动物提供栖息地。植物根系也可以增强边坡整体稳定性。其设计和施工要注意以下几个方面的技术问题：

（1）土工格室的高度一般为10～15cm，格片厚度为1.0～1.2mm。

（2）为增加坡面的排水性能，可在孔室壁设置若干圆孔。

工程施工中，首先要将岸坡整平，避免出现局部突起或凹陷。土工格室施工时将原本闭合的材料充分展开，铺设于坡面上，并将土工格室的一边以木桩固定（或用U形针），注意保持每个格室的展开形状基本一致。然后，自下而上进行混合物填充，填充材料应将土工格室完全覆盖，并轻微夯实。

9. 三维土工网

三维土工网（图1.1-9）是一种新型土木工程材料，属于新型材料技术领域的增强体材料，是用于植草固土用的一种三维结构的似丝瓜网络样的网垫，质地疏松、柔韧，留有90%的空间可充填土壤、砂砾和细石。植物根系可以穿过其间，舒适、整齐、均衡地生长，长成后的草皮使网垫、草皮、泥土表面牢固地结合在一起，由于植物根系可深入地表以下30～40cm，所以形成了一层坚固的绿色复合保护层。

三维土工网可有效地防止水土流失，固土作用明显，增加绿化面积，改善生态环境。

10. 自然缓坡或松木桩护岸

（1）采用完全自然的缓坡河岸（图1.1-10）、浅水区及水位波动段种植亲水植物，如芦苇、菖蒲等；上部种植草皮，间植乔木、灌木，如香樟、桃柳等。

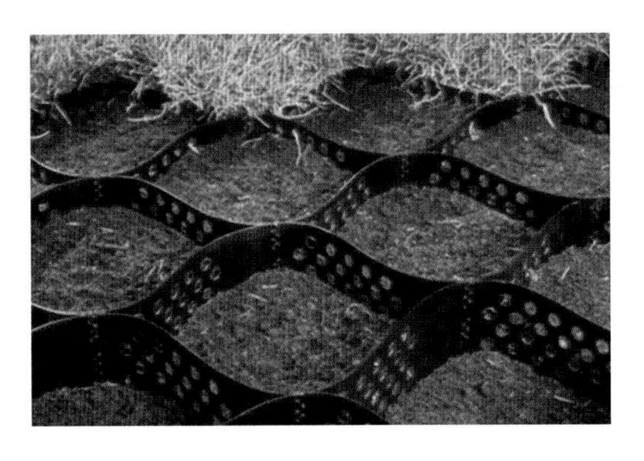

图1.1-8 土工格室

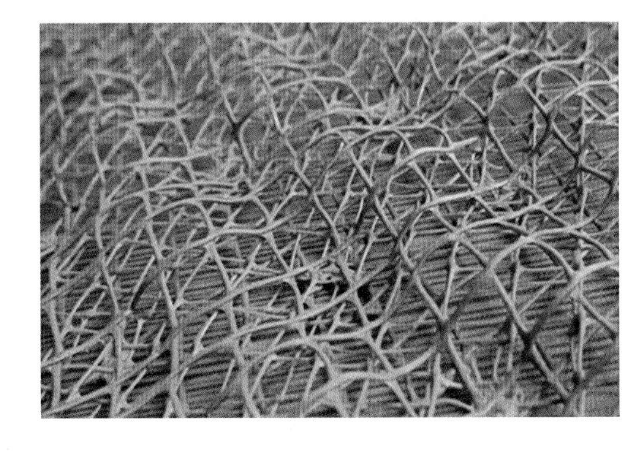

图1.1-9 三维土工网

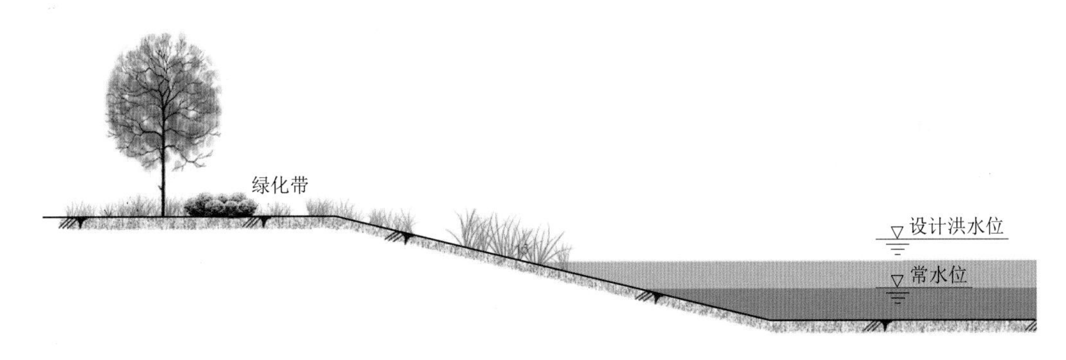

图1.1-10 自然缓坡护岸

该类河岸占地较大，工程造价较低，适于营造生态湿地，但不适用于建筑物集中区域。

岸坡植被系统可降低土壤孔隙压力，吸收土壤水分。同时，植物根系能提高土体的抗剪强度，增强土体的黏聚力，从而使土体结构趋于坚固和稳定。此外，还可以截留降雨，削减洪峰流量，调节土壤湿度，减少风力对土壤表面的影响。

(2) 采用松木桩进行坡脚固定（图1.1-11），松木桩桩径约20cm，可密排布置，也可按间距25～35cm布置，桩顶露出常水位15～20cm。松木桩外侧植千屈菜、黄菖蒲等亲水植物。

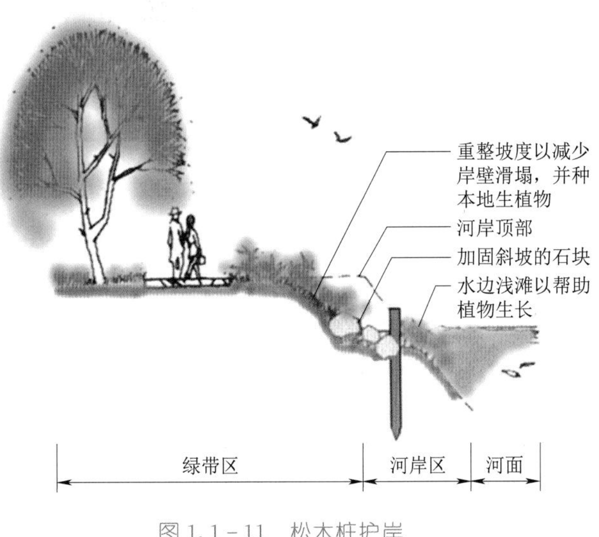

图1.1-11 松木桩护岸

该类河岸占地较小，造价也较低，生态及景观效果均较好，适用于城市河道、湖泊、湿地等治理。

11. 叠石河岸

水位波动区采用黄石、青石或大块卵石叠石，下设浆砌石大放脚。叠石河岸（图1.1-12）建成后亲水性强，景观效果较好，一般适用于城市规划新区及非通航河道。

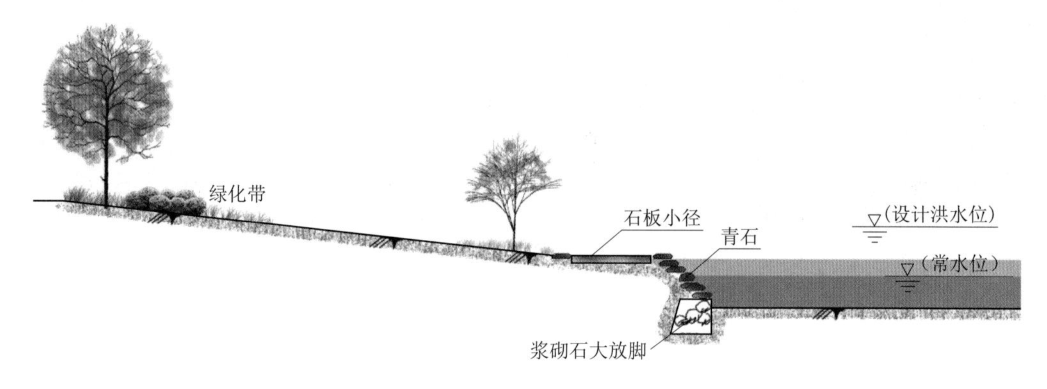

图1.1-12 叠石河岸

12. 仿松木桩亲水台阶型生态河岸

水位波动区采用仿松木桩亲水台阶，波动区以下散状丛植亲水植物，以上间植灌木、乔木。仿松木桩亲水台阶型生态河岸（图1.1-13）亲水性和景观性较好，一般适用于软土地基需拓宽的城郊或村镇对景观、休闲要求较高的河道。

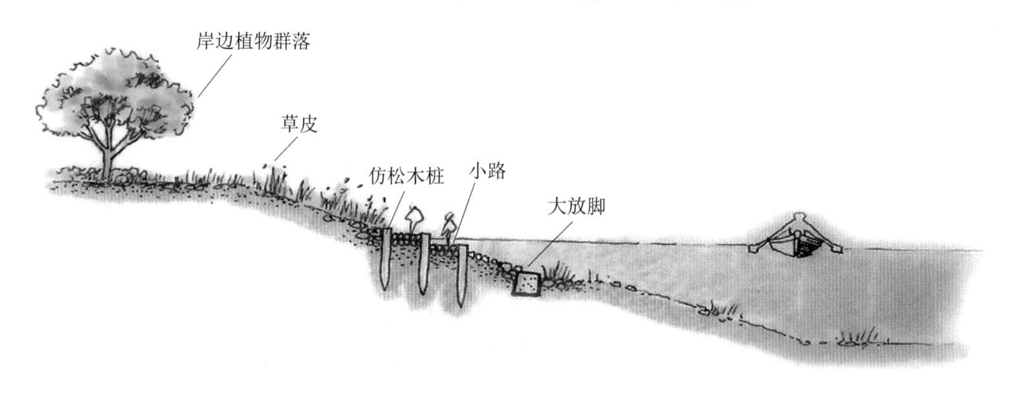

图1.1-13 仿松木桩亲水台阶型生态河岸

1.1.2 新型堤防结构

1. 轻型结构堤防

（1）型式一。该结构（图1.1-14）的特点为用钢筋混凝土结构部分替代土坝或挡墙作为防洪体，可大大减轻堤身结构重量，提高堤身整体抗滑能力。同时还可节省工程占地，减少拆迁，并能增加沿河居民休闲健身活动区域。该结构适用于地质条件差、建堤场地受限的河段。

（2）型式二。该结构（图1.1-15）的特点为用钢筋混凝土结构替代土坝或挡墙

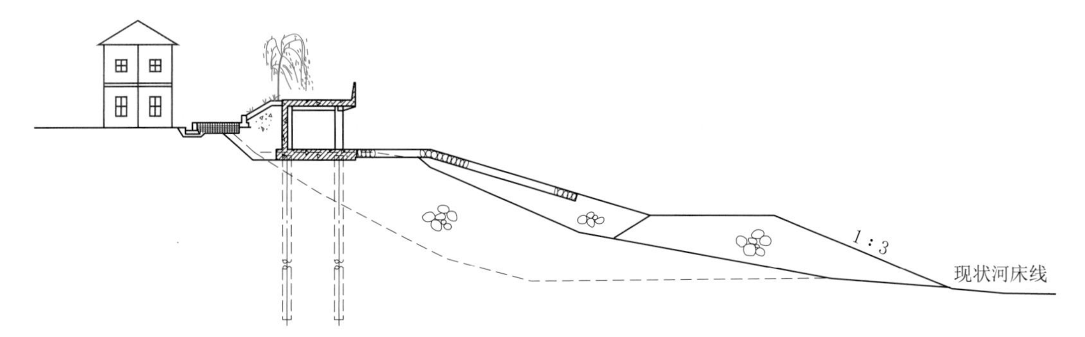

图 1.1-14 轻型结构堤防型式一

作为防洪体，可节省工程占地，减少拆迁。工程建成后可用于商业或仓储，坝顶可结合休闲景观平台功能。该结构适用于堤防填筑高度较大、沿河房屋密集、建堤场地受限的河段。

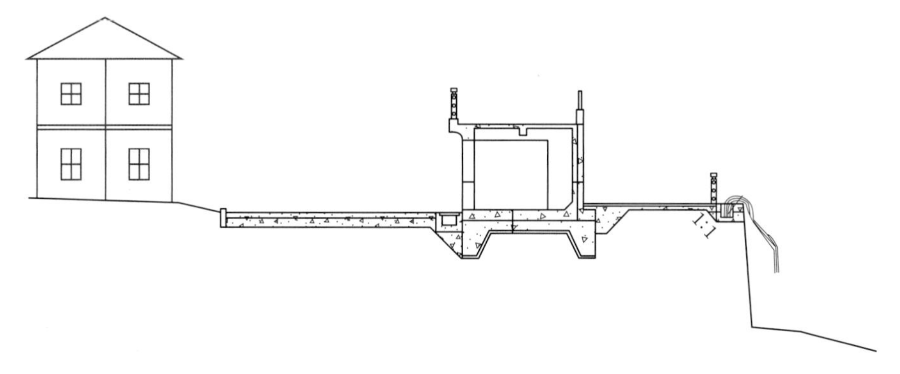

图 1.1-15 轻型结构堤防型式二

2. 桩式结构堤防

（1）型式一。该结构（图 1.1-16）的特点为用钢筋混凝土灌注桩结构替代高挡墙，避免开挖，减少工程拆迁。可根据地质条件，设置临河侧水泥搅拌桩，提高土体强度，增加被动土压力，提高桩身的整体稳定。也可根据需要分别采用单排或双排

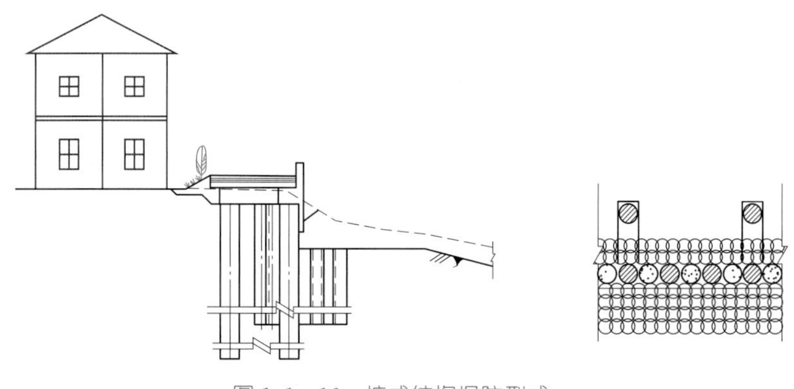

图 1.1-16 桩式结构堤防型式一

钢筋混凝土灌注桩结构。该结构适用于平原地区堤防填筑高度较低、沿河房屋密集、建堤场地受限的河段。

（2）型式二。该结构（图1.1-17）的特点为用成品的板桩结构替代高挡墙，避免开挖，减少工程拆迁。该型式施工速度快，质量可靠，造价较低，适用于软基或粉土地基堤防填筑高度较低、沿河房屋密集、建堤场地受限且兼具通航的河段。

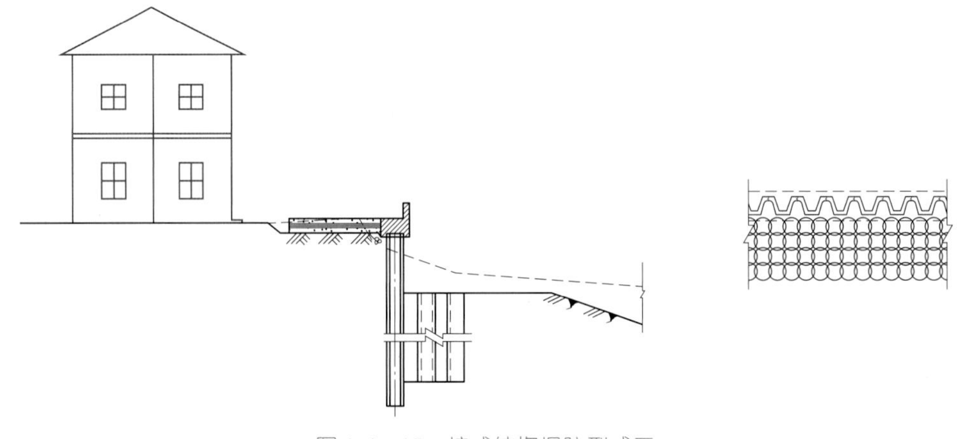

图1.1-17 桩式结构堤防型式二

3. 拼装式防洪墙

拼装式防洪墙（图1.1-18）由立柱、铝合金挡板、锚定板、顶紧装置等组成。拼装由人工完成。在接到洪水预报后，先用螺栓将所有立柱安装在预先设置好的各个锚定板上，后在两立柱之间安装铝合金挡板，垂直向所需铝合金挡板的数量根据挡水高度确定，铝合金挡板安装完毕后用顶紧装置锚紧，以保证止水效果。拼装式防洪墙主要优点为基本不影响城镇非汛期沿江景观；基础部分结构相对简单，可减少政策处理范围；主要缺点为施工需要专业的安装队伍、相应施工机械；非汛期沿江就近需设置一定容量的仓库存放。目前此项技术在国外已较为成熟，主要应用在捷克、奥地利、德国等国家，国内浙江省余姚地区正在建设，防洪效果有待检验。

图1.1-18 拼装式防洪墙应用实例

1.1.3 新型活动坝（闸）

1. 气盾坝

气盾坝（图1.1-19）由钢闸门、橡胶气袋、埋件、空压系统和闸门控制系统组成。利用空气压缩原理，通过气袋充气与排气，使钢闸门升起与倒伏，以维持特定的水位要求，还可在设计水位内实现任意水位高度的调节，且门顶可溢流。气袋排完气，门体全部倒卧在河底时，可高效泄水，不影响行洪和通航。气袋充满时，闸门抬升，可以蓄水形成河（湖）水景，超过设定水位时，门顶可溢流成瀑布景观。气盾坝是一种先进、高效、节能、环保的水利设施。

2. 水力自控翻板闸门

水力自控翻板闸门（图 1.1-20）的工作原理是杠杆平衡与转动。具体来说，水力自控翻板闸门利用水力和闸门重量相互制衡，通过增设阻尼反馈系统来达到调控水位的目的。当上游水位升高则闸门绕“横轴”逐渐开启泄流；反之，上游水位下降则闸门逐渐回关蓄水，使上游水位始终保持在设计要求的范围内。闸门全关闭时可以蓄水，超过设定水位一定数值时闸门顶可溢流形成水景观，一般适用于山溪性河流。

图 1.1-19　气盾坝应用实例

图 1.1-20　水力自控翻板闸门应用实例

1.2　水体污染防治技术

1.2.1　截污治污技术

1. 沿河截污管网

由于城市中河道两侧多为住宅或企业房屋，沿线排污口密集，需要沿河设置截污管网，将沿线直排河道的污水管道收集送至市政污水管道，最终进入城市污水处理厂。常见河道污水截流一般采用如下几种方式。

（1）岸边铺设。现状污水或合流污水均为直排河道，沿河敷设截污管，将污染源直接收集后就近排入市政污水管道，截污效果最佳。

（2）河道铺设（图 1.2-1）。截污管道埋设在河道中，在岸边设置污水截流溢流井。该方式的优点是不影响岸边建筑物，不需要拆迁，缺点是河道内敷设截污管道，污水管道或窨井大多暴露在外，会对景观造成一定影响；且占用了河道用地，须首先征得相关主管单位的同意。另外施工需围堰，日常维护管理非常困难。此截污方式只有在其他方式无法实施时才使用。

（3）管堤结合（图 1.2-2）。该方式介于河道铺设与河岸铺设之间，污水管道靠近或完全结合到河堤上，这样既不影响岸边建筑物，也方便维护管理。

图1.2-1 河道铺设截污管示意图

图1.2-2 附壁式截污管示意图

2. 农村污水处理与小型一体化设备

实现资源消耗减量化、产品价值再利用和废物再循环是污水处理的最高目标。从污水处理技术的发展看，农村生活污水处理技术基本上形成了厌氧生物处理技术、好氧生物处理技术、人工湿地处理技术和稳定塘处理技术等4类技术。

（1）厌氧生物处理技术。在无氧的条件下，污水通过长有厌氧微生物的载体介质，通过厌氧微生物的作用将污水中大分子有机物分解为小分子有机物，有效降低后续处理单元的有机污染负荷，有利于提高污染物的去除效果。

（2）好氧生物处理技术。该技术是在有氧气存在的条件下，通过好氧/兼氧微生物生长繁殖时对污水中的有机物质进行降解处理。好氧生物处理适用于COD浓度较高的污水（如粪便污水）。当进水COD浓度高于1000mg/L时，COD的去除率一般为50%～80%。用于农村污水处理的主要充氧方式一般为耗能较低的充氧曝气、射流曝气和太阳能曝气等。

（3）人工湿地处理技术。人工湿地是一种生态处理技术，为了处理生活污水而人为地在有一定长宽比和底面坡度的洼地上用土壤和填料（如砾石等）混合组成填料床，使污水在床体的填料缝隙中流动或在床体表面流动，并在床体表面种植具有性能好、成活率高、抗水性强、生长周期长、美观及具有经济价值的水生植物，形成一个独特的动植物生态体系。

人工湿地去除的污染物范围广泛，包括氮、磷、悬浮固体有机物、微量元素、病原体等。有关研究结果表明，在进水浓度较低的条件下，人工湿地对BOD_5的去除率可达85%～95%，COD_{Cr}去除率可达80%以上，处理出水中BOD_5的浓度在10mg/L左右，SS小于20mg/L。生活污水中大部分有机物作为微生物的有机养分，最终被转化为微生物体、CO_2和H_2O。

（4）稳定塘处理技术。稳定塘是一种利用自然形态的水体（如池塘等）来处理低浓度生活污水的技术，借助于水体内天然的生态系统来净化水质。主要利用菌藻的共同作用处理污水中的有机污染物。该技术适用于有一定水体的地区，且稳定塘必须要有活水来源。出水一般均能达到一级排放标准，处理后氨、氮均能达标。稳定塘具有基建投资少、运转费用低，维护简单、便于操作、能有效去除污水中的有机物和病原体以及无需污泥处理等优点。

常见的小型污水处理设备包括以下两类。

（1）一体化微动力设备＋人工湿地。污水经格栅进行预处理，然后进入一体化微动力设备，由一体化微动力设备处理污水中大量的有机物、氨氮、总磷等污染物，再经人工湿地深度处理（图 1.2－3），处理效果可达到《城镇污水处理厂污染物排放标准》（GB 18918—2002）一级 A 标准。

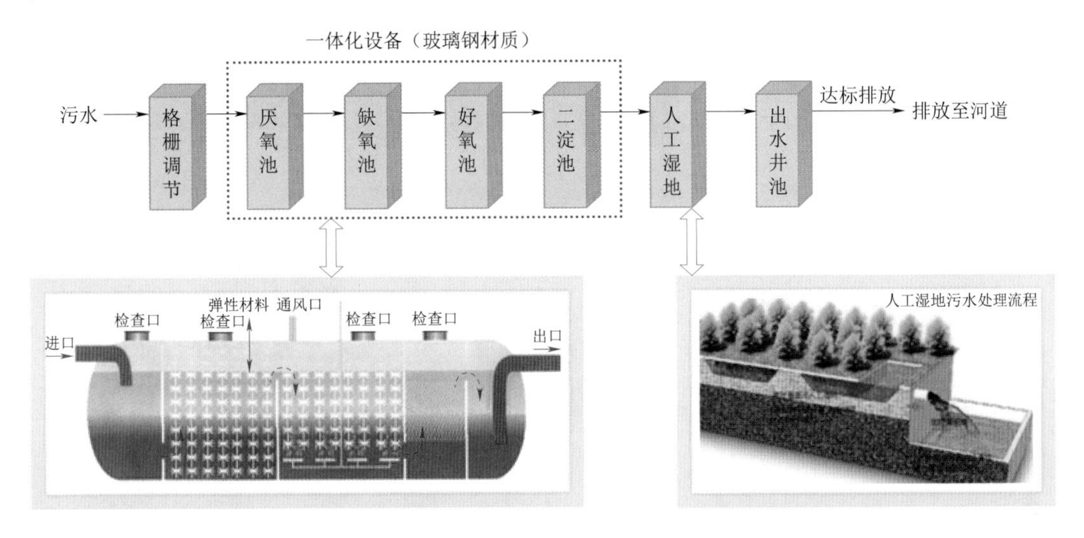

图 1.2－3　一体化微动力设备＋人工湿地工艺流程图

（2）一体化 MBR 膜处理设备。污水经格栅调节进行预处理，然后进入抗污染型 MBR 膜一体机内。在兼氧、好氧微生物的新陈代谢作用下，污水中的各类污染物得到去除（图 1.2－4）。通过膜的过滤作用可以完全做到"固液分离"，出水可达到《城镇污水处理厂污染物排放标准》（GB 18918—2002）一级 A 标准。

1.2.2　水体修复技术

1. 超磁透析技术

超磁透析技术（图 1.2－5）是一种高效的、成熟稳定的水处理技术，广泛应用于黑臭河治理、富营养化湖体治理、污水应急处理、市政污水处理、煤矿矿井废水井下处理、油田采出水等领域。其原理是在水体中投加磁种和混凝剂，使悬浮物、胶体物质、藻类、磷等形成可作用于磁场的微絮颗粒，然后通过磁力将其从水体中分离，整个过程一般耗时 3～5min，磁粉可高效循环使用。对于形成的微絮颗粒，通过磁场作用使其更容易分离，且无需反冲洗，污泥含水率低。与普通的沉淀、过滤相比，设备具有连续运行、可高效分离水中悬浮物的特点，工艺上具有流程短、占地少、投资省、运行费用低等优势。

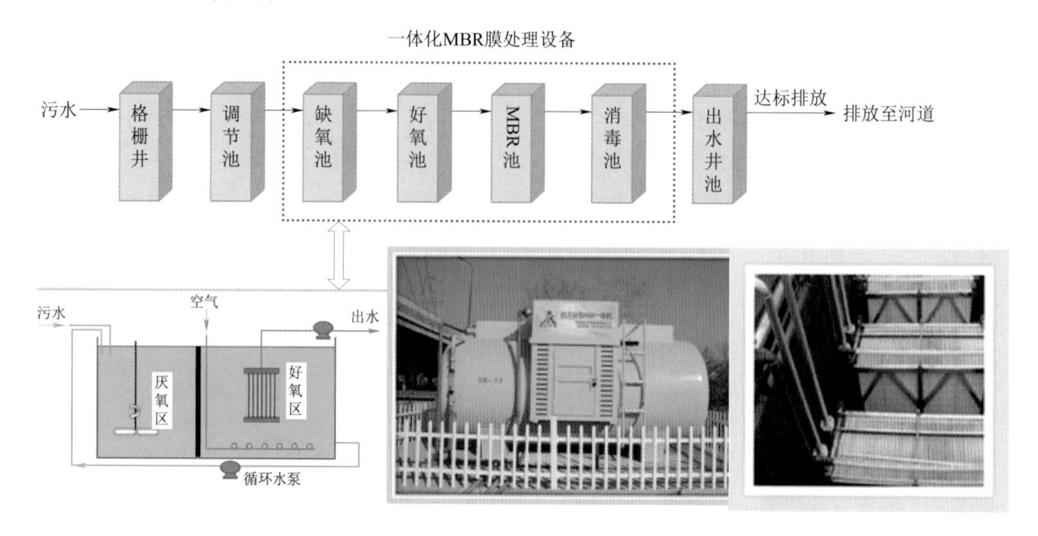

图 1.2-4　一体化 MBR 膜处理工艺及设备示意图

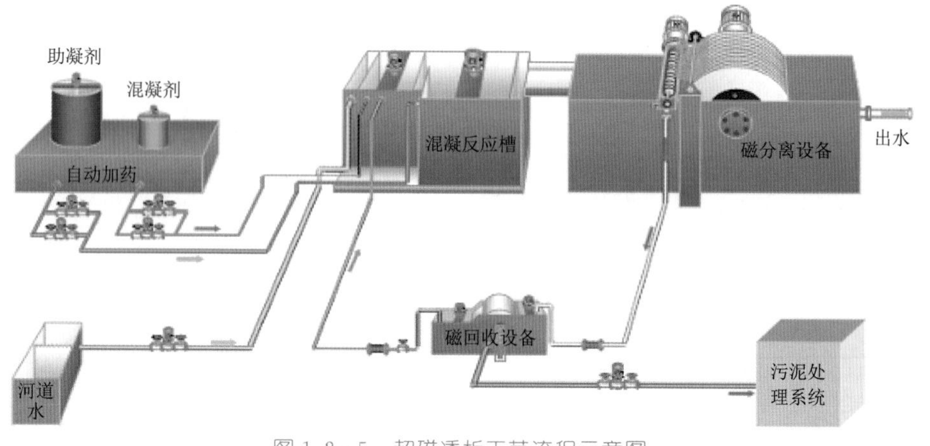

图 1.2-5　超磁透析工艺流程示意图

2. 砾间接触氧化工艺

砾间接触氧化法利用天然砾石作为反应槽主要滤材及生物反应环境，配合以巧妙的工程设计，使其具有生态、环保、经济、工期短、操作维护工作量小等特点。作为一种新型的现地处理技术，砾间接触氧化法凭借其处理效率高、运行稳定以及占地面积小等技术优势被越来越广泛地应用于河道治理与水体修复领域，因此近年来在日本、韩国和中国台湾等国家和地区的工程中获得了大量应用，并取得了理想的水环境治理效果。

3. 水生植物系统构建与水下森林

水生植物是一个生态学范畴上的类群，是不同分类群植物通过长期适应水环境而形成的趋同性适应类型，主要包括两大类：水生维管束植物（aquaticvascular plant）和高等藻类。这些生活型的水生植物在净化水体时，主要形成三大类生态系统：漂浮植物系统、挺水植物系统和沉水植物系统。在这些系统中，植物处于核心地位，它的光合作用使系统可以直接利用太阳能；而植物的生长带来的适宜的栖息环境，使多样化的生命形式在系统中的生存成为可能，并且正是植物和这些生物的联合作用使污染物得以降解。

水生植物系统的构建抑制藻类的生长和繁殖，有利于“水下森林”的构建，使生态系统完整且保持持续的平衡。

4. 生态浮床

生态浮床（图 1.2-6）是一种针对富营养化水质，利用生态工学原理，降解水中 COD、氮、磷等营养物质的水体原位修复技术。1979 年德国 Bestman 公司建造了世界上最早用于水处理的生态浮床，其后经过几十年的推广与应用，生态浮床已经逐渐发展成为一种应用广泛的水体生态修复技术。目前，国内外关于生态浮床技术的提法不尽相同，如“生态浮床”“生态浮岛”“人工浮床”“人工生物浮床”等均属于同一概念范畴。

图 1.2-6　生态浮床应用实例

5. 狐尾藻治水技术

狐尾藻净化水体的主要机理在于其既可以通过根吸收臭水底质中的氮磷，也可通过茎叶利用水中的富营养物质。氮磷被吸收后用以合成植物自身的结构组成物质，而对狐尾藻有毒害作用的某些重金属和有机物则是脱毒后被储存于其体内被降解，从而达到净化污水的作用。

狐尾藻治水技术作为一种新型污水治理技术，得到了中国科学院（以下简称“中科院”）的大力推广，成为中科院“STS 计划”（科技服务网络计划）的重要环节。中科院亚热带农业生态研究所选取了长三角、华北平原等典型区域开展了狐尾藻废水生态治理技术的研究与应用。

6. 微生物水体修复技术与生物强化技术

（1）微生物水体修复技术是指利用微生物来吸收、降解、转化和清除水体环境中的有机污染物，使其浓度减少或无害化，从而实现被污染水体环境生态恢复的过程。微生物水体修复技术是一种污染水体原位治理技术，通过在污染水体中投加菌剂或者培养驯化微生物，满足其生长要求，促使其大量生长繁殖，依靠它们在快速成长和繁殖中大量消耗食物的过程来达到净化受污染河水的目的。该技术当前在生活污水、工业废水、富营养化水体等水体净化中均有研究与应用。

（2）生物强化技术（图1.2-7）是指通过高效菌株的筛选、菌群的优化构建、扩大化培养及投放等过程强化土著微生物的功能，实现河流水质净化，从而达到水体自净系统的恢复。生物强化技术由于能在不扩充现有水处理设施的基础上提高水处理的范围和能力，因而近年来其在废水处理中的应用日益受到重视。它是借助于生物强化器和特制生物培养基，在污水、废水处理厂现场提取曝气池内的微生物，使优势微生物在培养器内快速增殖后再重新返回原曝气池中，通过系统自身优势微生物的增殖来提高系统处理效率。

7. 人工水草修复技术

人工水草修复技术属于生物-生态修复技术，它是一种生物膜载体技术，采用耐酸碱、耐污、柔韧性很强的仿水草材料，通过模仿污水处理中的植物净化原理和优化生物填料以利于生物膜的形成和再生，不受透明度、光照等限制，从而大大提高污水处理的效果。利用人工水草处理污染水体时，人工水草表面会形成一层生物膜（图1.2-8）。生物膜是由高密度的好氧菌、厌氧菌、兼性好氧（厌氧）菌、原生动物及藻类组成的微观A/O复合系统，其形成是一个层递的过程：微生物起始的附着、细胞与细胞之间的吸附与增殖、生物膜的成熟以及老化生物膜的脱离。人工水草利用生物膜进行污水净化的原理如图1.2-8所示。

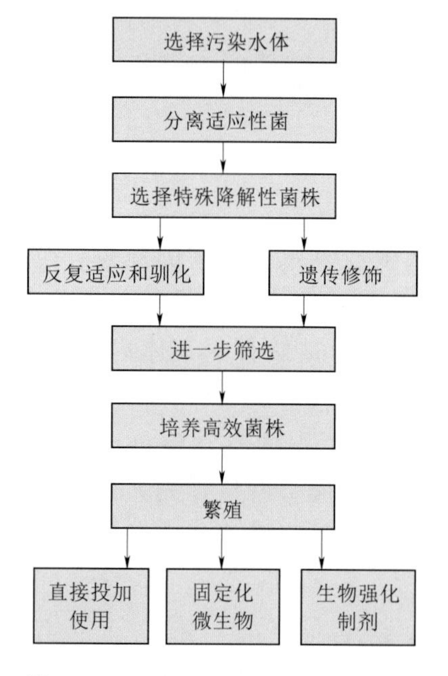

图1.2-7　生物强化技术的构建流程

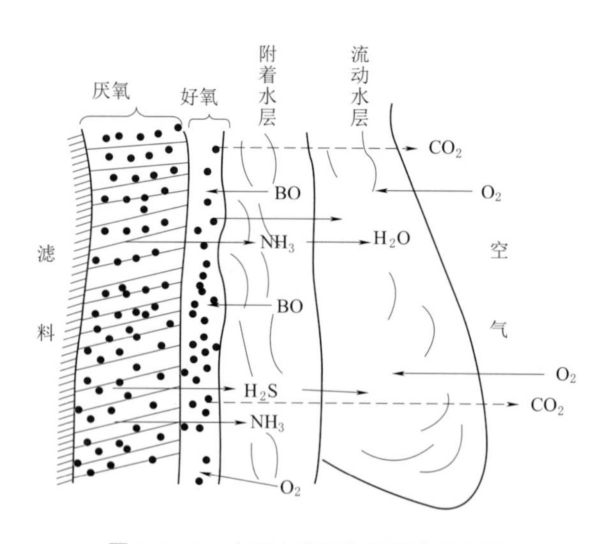

图1.2-8　人工水草生物膜构造示意图

生物膜降解污染物质的过程主要分为四个阶段：①水体中的污染物扩散至生物膜表面。②污染物质在生物膜内部扩散。③污染物质在微生物的作用下进行降解。④代谢生成物排出，老化的生物膜脱落。因此，将人工水草放入水中可以供附近水中大量的微生物附着，这些微生物种群进而将水中有机污染物进行高效的降解，使水质变得洁净，从而修复受污染水体。

8. 食藻虫引导水生态系统构建技术

“食藻虫引导水生态系统构建技术”是一项综合技术，主要包含食藻虫技术、水生植物优选和改良技术以及生物操纵技术。其基本思路是以食藻虫吃藻控藻、滤食有机悬浮物颗粒等作为启动因子，继而引起各项生态系统恢复的连锁反应：包括从底泥有益微生物恢复、底泥昆虫蠕虫恢复、底栖螺贝类恢复到沉水植物恢复、土著鱼虾类等水生生态系统恢复，最终实现水体的内源污染生态自净功能和系统经济服务功能。

9. 蓝绿藻水华控制技术

湖泊蓝绿藻水华是指湖泊水体中的蓝绿藻快速大量繁殖形成肉眼可见的藻类群体，或者导致水体颜色发生变化的一种现象，严重时可在水面漂浮积聚形成绿色的藻席甚至藻浆，严重影响水生态环境。蓝绿藻水华的发生根源于湖泊富集了过多的氮、磷等营养物质，是湖泊富营养化的一种表现形式。蓝绿藻水华的暴发不仅严重恶化了水质，破坏了生态系统的平衡和自我调节能力，而且许多有害藻类会产生并向水体释放毒素。这些剧毒的藻分泌物不仅毒害水生生物，影响渔业生产，甚至间接或直接威胁到人类的健康和安全。因此，各类水体中的蓝绿藻水华问题引起了世界环境界越来越多的关注。

目前国内外针对蓝绿藻水华的控制已经开展了大量的研究，也已经开辟了多种多样的相关控制技术，主要包括化学控藻技术、物理控藻技术、生物控藻技术。其中生物控藻技术又包括生物除藻和生物操纵技术。

1.3 水生态修复技术

1.3.1 日本多自然型河流治理

目前世界上许多国家都对破坏河流自然环境状态的河道整治工程进行了反思，并逐步对已改造的河流进行回归自然状态的再改造。总之，修建生态河堤，增加河边湿地及河滩面积，恢复河岸水边植物群落，维护生物的多样性已成为国际上河流治理发展的趋势。

20世纪80年代，德国提出了“近自然型河流”的概念，即河流规划与建设应以接近天然河流为标准。受这一观念影响，日本于20世纪90年代初开始倡导多自然型河流治理，从新的视角审视了人与自然关系的发展、演变。在河流治理上也从过去只重视防洪抗旱的河流水利工程建设转向有丰富自然环境、地域文化的河流治理上来。建造有浅滩、深潭和清澈流水的河流，有绿草、鱼、昆虫等各种生物栖息，并能让孩子们在河岸和水中自由玩耍的河流，已成为人们对当今河流整治的迫切要求。

多自然型河流治理并不是简单地保护河流自然环境，而是在采取必要的防洪抗旱措施的同时，将人类对河流环境的干扰降低到最小，与自然共存。其主要内容包括保护河滩洼地、营造水陆过渡带、修复河床自然形态、构建生物栖息地、建造阶梯鱼道及透水堰坝等。

1. 保护河滩洼地

河滩洼地是典型的生态脆弱带。生态脆弱带是指生态系统中处于两种或两种以上的物能体系、结构功能体系之间所形成的“界面”及其向外延伸的“过渡带”的空间域。生态脆弱带由于其边缘效应活跃，生态稳定性差，生产力波动性大，对人类活动及突发性灾害反应敏感，自然环境极不利于人类经济发展和利用。河滩洼地由于其受力方式和强度，以及频繁的侵蚀和堆积等而具有不稳定的特征，从而决定了河滩洼地生态系统表现为一种脆弱和不稳定的特征。因此，河滩洼地很容易受到干扰破坏，对其进行保护很有必要。

2. 营造水陆过渡带

简单地说，水陆过渡带是指由生存方式和栖息环境互不相同的鱼贝类等水生生物与昆虫、小动物等陆地生物共同组成的生活空间。也可以说，过渡带是不同生态体系衔接、过渡的中间地带，具有单纯的水、陆空间不具有的特性。

过渡带又是两种生态环境交错的紧张地带，比如说河床，由于水位变化，河岸侵蚀和泥沙淤积，始终处于不稳定的状态中。但对生物来讲，这里具备了生存的水、土和空气三大元素，旺盛生长的芦苇等植物，为小鱼及虾蟹等底生生物创造了良好的栖息场所。

3. 修复河床自然形态

河道的治理主要是改造河道流路及河床的物理特性，即是创造出接近自然的流路。水流要有不同的流速带，具体来说就是河流低水河槽（在平水期、枯水期时水流经过）要弯曲，河流要既有浅滩、又有深潭，河床要多孔质化，造出水体流动样性以有利于生物的多样性。

要根据河床比降、河床构成及流量建造自然的河床。有了形状自然的河床，就可形成自然的水边和河滩，通过开挖河道，还可形成浅滩和深潭等多种形式的流水。在深入了解河流特性的基础上，巧妙地利用木桩、石头等天然材料，对水流因势利导，使其逐步形成稳定的河床。

4. 构建生物栖息地

河道生态修复技术仅从植被措施的角度考虑，这些技术还不是真正意义上的生态修复。要重建一个健康的河道生态系统，除采取工程和植被措施外，还必须有选择地放养水生动物及微生物，恢复生物的多样性，重建生物栖息地。因此，在水体生态安全的基础上，恢复河道总体生物栖息功能是河流进一步的发展需要，一条生物共生、鱼虾鸟类丰富的河道是实现可持续发展的基本要义。

5. 建造阶梯鱼道

建造“鱼类易于栖息和繁殖的河流”，最重要的是要保证鱼类能自由迁徙。河流中的落差工程能减缓坡降，降低洪水流速，起到保护河床的作用，却阻碍了鱼类的迁徙。鱼道是帮助鱼类顺利通过闸坝等障碍物的专用设施，在维系河流连续性与生物种群交流方面具有不可替代的作用。

6. 建造透水堰坝

透水堰坝主要涉及一种生物膜预除污透水堰（已申请专利）。主要作用是：①拦蓄径流，初步去除面源污染物，为后续净化单元提供自流的动力，使得前置库系统的无动力运行成为可能，同时也保证了径流在系统中较长的停留时间，确保了系统的净化效果。②可改善河流生态系统，保护河道水环境，提高河道生态景观效果，提高区域与城区整体品位，适应河道的自然性、生态性的要求，体现人与自然和谐相处的理念。

1.3.2　受污染水源的生态湿地处理技术

水源净化生态湿地是对受污染水源实施生态处理的人工湿地系统，采用生态工程手段，以使地表微污染水源达到水源水质要求。水源净化生态湿地仿拟自然湿地的结构和功能，并加以优化；它具有与自然湿地相近的特点，具备多个生态服务功能。水源生态处理湿地利用生态系统组成的物理、化学和生物三重协同作用，通过过滤、吸附、沉淀、离子交换、植物吸收和微生物分解等一系列作用过程来实现对微污染源水的有效预处理。目前，水源净化生态湿地技术在我国东部平原河网地区获得推广和应用，在微污染水源的生态预处理和保障饮用水供水安全方面发挥了积极作用。

1.3.3　水库库尾生态隔离带

生态隔离带一词多用于城市规划领域，作用多为保障城市生态安全，减轻城市生态压力，缓解城市热岛效应，隔离主城附城，控制“城市蔓延”和日益凸显的“大城市病”。生态隔离带一般由防护绿地（林带）、公园绿地、生产绿地、农用地、湖泊水域、山林及适量的低密度公共设施区复合组成。正是基于生态隔离带显著的生态环境效应，近几年生态隔离带的原理越来越多地被应用于湖（库）水污染治理和水环境保护领域。

水库生态隔离带一般设在水库正常蓄水位以上一定范围，例如三峡水库的生态隔离带为正常蓄水位以上20～50m的库岸区域；有些也将整个消落带划为生态隔离带，如丹江口水库；还有的将湖（库）周边第一道分水岭以内的山坡地全部作为生态隔离带进行建设。本书的库尾生态隔离带特指水库上游干流、支流汇入口，正常蓄水位至设计洪水位的库尾水库淹没征地范围。

1.4　海绵城市与低影响开发技术

海绵城市与低影响开发技术按主要功能一般可分为渗透、储存、调节、转输、截污净化等几类。通过各类技术的组合应用，可实现径流总量控制、径流峰值控制、径流污染控制、雨水资源化利用等目标。

各类低影响开发技术又包含若干不同形式的低影响开发设施，主要有透水铺装、绿色屋顶、下沉式绿地、生物滞留设施、渗透塘、渗井、湿塘、雨水湿地、蓄水池、雨水罐、调节塘、调节池、植草沟、渗管（渠）、植被缓冲带、初期雨水弃流设施、人工土壤渗滤等。低影响开发单项设施往往具有多个功能，如生物滞留设施的功能除渗透补充地下水外，还可削减峰值流量、净化雨水，实现径流总量、径流峰值和径流污染控制等多重目标。

1.4.1　雨水渗透设施

1. 透水铺装

透水铺装（图1.4-1）源于日本的混凝土铺装技术，是由一系列与外部空气相连通的多孔形结构组成骨架，可以满足交通使用及铺装强度和耐久性要求的地面铺装。透水铺装按照面层材料不同可分为透水砖铺装、透水水泥混凝土铺装和透水沥青混凝土铺装，嵌草砖、园林铺装中的鹅卵石、碎石铺装等也属于透水铺装。

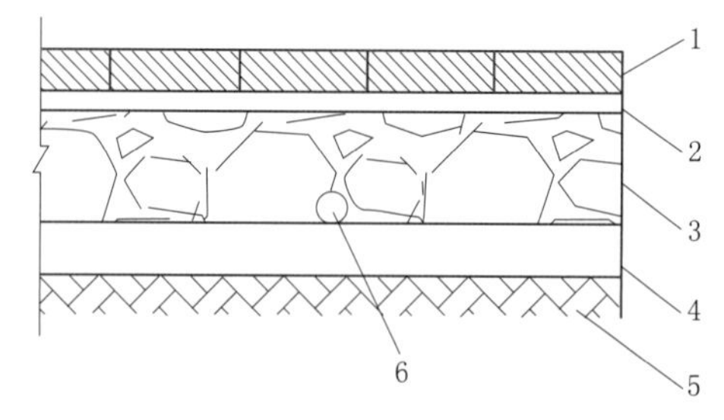

图1.4-1　透水铺装典型结构示意图

1—透水面（60～80mm）；2—透水找平层（20～30mm）；3—透水基层（100～150mm）；4—透水底基层（150～200mm）；5—土基；6—PVC排水管DN250

2. 绿色屋顶

绿色屋顶（图1.4-2）也称种植屋面、屋顶绿化等。根据种植基质深度和景观复杂程度，绿色屋顶又分为简单式和花园式。基质深度根据植物需求及屋顶荷载确定，简单式绿色屋顶的基质深度一般不大于150mm，仅种植地被植物和低矮灌木；花园式绿色屋顶在种植乔木时基质深度可超过600mm，在种植乔木、灌木以及地被植物的基础上，还布置园路或者园林小品。建筑雨水收集利用可用于补充城市水源，使自然资源得到充分利用。增加地表水水资源量，疏解城市集中用水，缓解城市供水压力，减少市政集中供水量。建筑雨水利用在增加可用水量的同时也容易实现就近用水，减轻城市给排水设施的负荷，降低城市供水设施的规模，也降低了污水废水处理量，节省城市基建投资与运行费用，同时，雨水资源的充分利用对补充城市地表水与地下水起到积极作用，对周边生态环境保护以及生物生境的修复起到极其重要的作用，减少了城市雨水的外排量，降低了由雨水径流产生的面源污染，从而改善城市水环境污染状况。绿色屋顶的设计可参考《种植屋面工程技术规程》（JGJ 155—2013）。

3. 下沉式绿地

下沉式绿地（图 1.4－3）具有狭义和广义之分。狭义的下沉式绿地指低于周边铺砌地面或道路 200mm 以内的绿地；广义的下沉式绿地泛指具有一定的调蓄容积（在以径流总量控制为目标分解或设计计算时，不包括调节容积），且可用于调蓄和净化径流雨水的绿地，包括生物滞留设施、渗透塘、湿塘、雨水湿地、调节塘等。

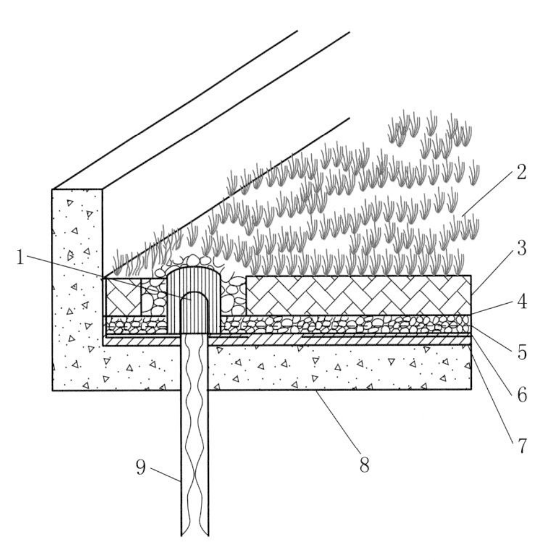

图 1.4－2　绿色屋顶典型构造示意图

1—排水口；2—植物；3—基质层；4—过滤层；5—排水层；6—保护层；7—防水层；8—建筑屋顶；9—排水管

4. 生物滞留设施

生物滞留设施（图 1.4－4 和图 1.4－5）指在地势较低的区域，通过植物、土壤和微生物系统蓄渗、净化径流雨水的设施。生物滞留设施分为简易型生物滞留设施和复杂型生物滞留设施，按应用位置不同又称作雨水花园、生物滞留带、高位花坛、生态树池等。

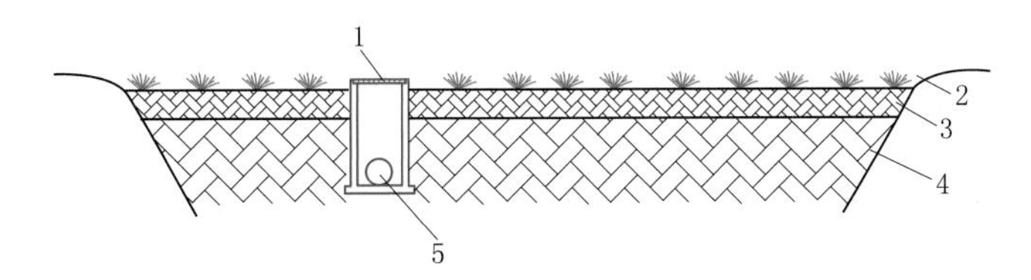

图 1.4－3　狭义的下沉式绿地典型构造示意图

1—溢流口；2—蓄水层（100～200mm）；3—种植土（250mm）；4—原土；5—接雨水管渠

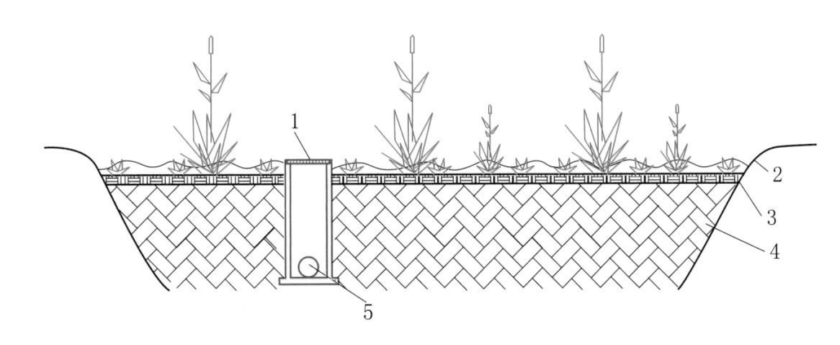

图 1.4－4　简易型生物滞留设施典型构造示意图

1—溢流口；2—蓄水层（200～300mm）；3—覆盖层（50～100mm）；4—原土；5—接雨水管渠

5. 渗透塘

渗透塘（图 1.4－6）是一种用于雨水下渗补充地下水的洼地，具有一定的净化雨水和削减峰值流量的作用。

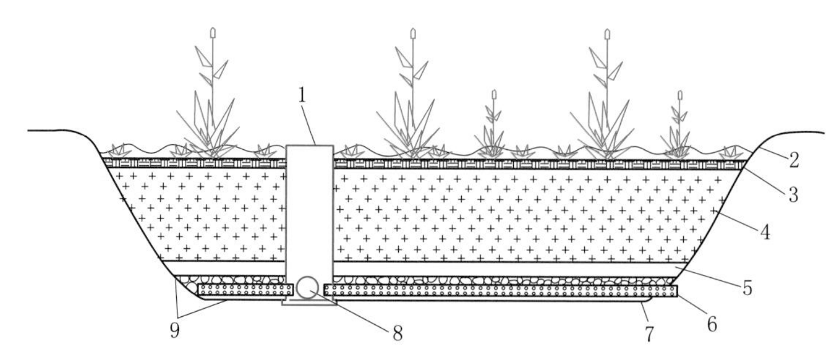

图1.4-5　复杂型生物滞留设施典型构造示意图

1—溢流口；2—蓄水层（200～300mm）；3—树皮覆盖层（50～100mm）；4—换土层（250～1200mm）；5—透水土工布或100mm砂层；6—穿孔排水管DN100～150；7—砾石层（250～300mm）；8—接雨水管渠；9—防渗膜（可选）

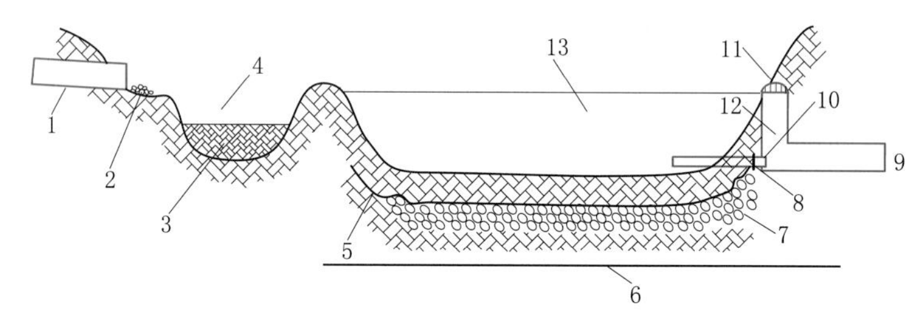

图1.4-6　渗透塘典型构造示意图

1—进水口；2—碎石；3—沉泥区；4—前置塘；5—透水土工布；6—最高地下水位；7—滤料层；8—阀门；9—排放管；10—放空管；11—格栅；12—溢流竖管；13—蓄渗容积

1.4.2　雨水储存设施

1. 湿塘

湿塘（图1.4-7）指具有雨水调蓄和净化功能的景观水体，雨水同时作为其主要的补水水源。湿塘有时可结合绿地、开放空间等场地条件设计为多功能调蓄水体，即平时发挥正常的景观及休闲、娱乐功能，暴雨发生时发挥调蓄功能，实现土地资源的多功能利用。湿塘一般由进水口、前置塘、主塘、溢流出水口、护坡及驳岸、维护通道等构成。

2. 雨水湿地

雨水湿地（图1.4-8）利用物理、水生植物及微生物等作用净化雨水，是一种高效的径流污染控制设施，雨水湿地分为雨水表流湿地和雨水潜流湿地，一般设计成防渗型以便维持雨水湿地植物所需要的水量，雨水湿地常与湿塘合建并设计一定的调蓄容积。雨水湿地与湿塘的构造相似，一般由进水口、前置塘、沼泽区、出水池、溢流出水口、护坡及驳岸、维护通道等构成。

3. 蓄水池

蓄水池指具有雨水储存功能的集蓄利用设施，同时也具有削减峰值流量的作用，

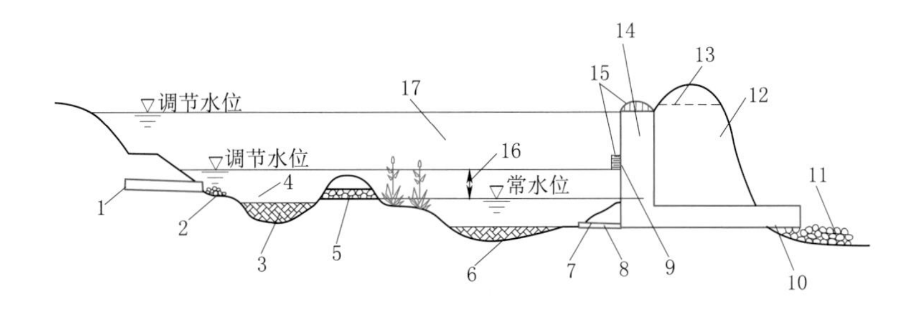

图 1.4-7 湿塘典型构造示意图

1—进水管；2、11—碎石；3、6—沉泥区；4—前置塘；5—配水石笼；7—阀门；8—放空管；9—排水孔；10—出水口；12—堤岸；13—溢洪道；14—溢流竖管；15—格栅；16—储存容积；17—调节容积

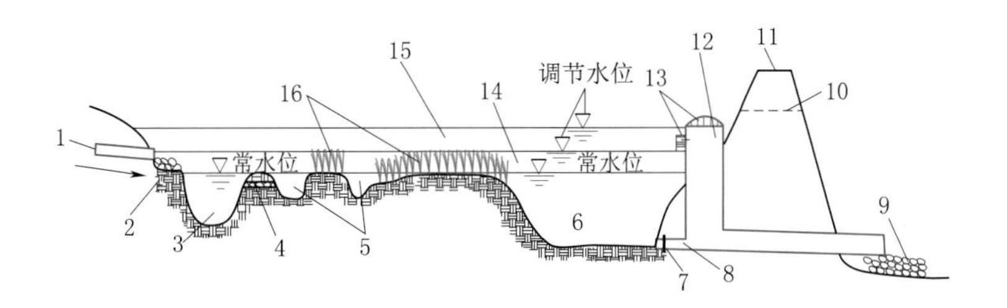

图 1.4-8 雨水湿地典型构造示意图

1—进水口；2—碎石；3—前置塘；4—配水石笼；5—深沼泽区；6—出水池；7—阀门；8—放空管；9—碎石；10—溢洪道；11—堤岸；12—溢流竖管；13—格栅；14—储存容积；15—调节容积；16—浅沼泽区

主要包括钢筋混凝土蓄水池，砖、石砌筑蓄水池及塑料蓄水模块拼装式蓄水池，用地紧张的城市大多采用地下封闭式蓄水池。蓄水池典型构造可参照国家建筑标准设计图集《雨水综合利用》(10SS705)。

4. 雨水罐

雨水罐也称雨水桶，为地上或地下封闭式的简易雨水集蓄利用设施，可用塑料、玻璃钢或金属等材料制成。

1.4.3 雨水调节设施

1. 调节塘

调节塘（图 1.4-9）也称干塘，以削减峰值流量功能为主，一般由进水口、调节区、出口设施、护坡及堤岸构成，也可通过合理设计使其具有渗透功能，起到一定的补充地下水和净化雨水的作用。

2. 调节池

调节池为调节设施的一种，主要用于削减雨水管渠峰值流量，一般常用溢流堰式或底部流槽式，可以是地上敞口式调节池或地下封闭式调节池，其典型构造可参

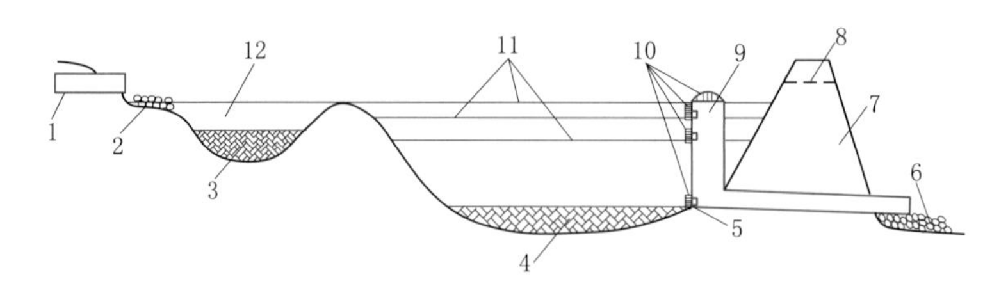

图 1.4-9　调节塘典型构造示意图

1—进水口；2、6—碎石；3、4—沉泥区；5—排水口；7—堤岸；8—溢洪管；9—溢流竖管；10—格栅；11—调节容积；12—前置塘

见《给水排水设计手册》（中国建筑工业出版社，2002）。

1.4.4　雨水传输设施

1. 植草沟

植草沟指种有植被的地表沟渠，可收集、输送和排放径流雨水，并具有一定的雨水净化作用，可用于衔接其他各单项设施、城市雨水管渠系统和超标雨水径流排放系统。植草沟分为三种类型：标准传输植草沟（图 1.4-10），干式植草沟（图 1.4-11）和湿式植草沟（图 1.4-12）。标准传输植草沟是开阔的浅植物性沟渠，将集水区的径流引导和传输到其他地表水处理设施。干式植草沟是植物覆盖的沟渠，包括一个土壤过滤层以及地下排水系统，以加强植草沟的处理和传输能力。湿式植草沟与传输植草沟类似，只是设计为湿式的沼泽状态来加强处理效果。

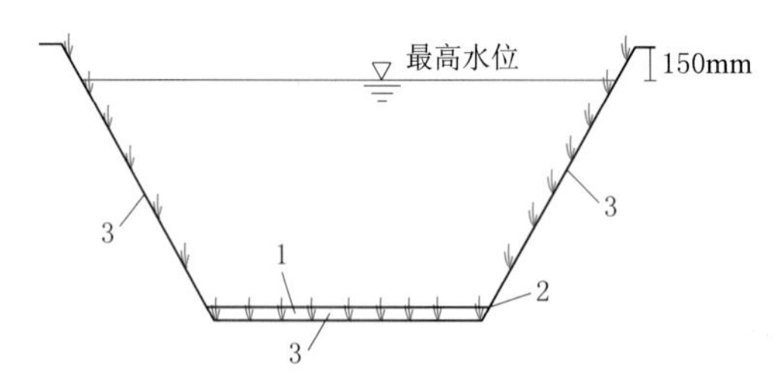

图 1.4-10　标准传输植草沟构造示意图

1—处理区；2—植被高度以下的淹没区域；3—透水土壤

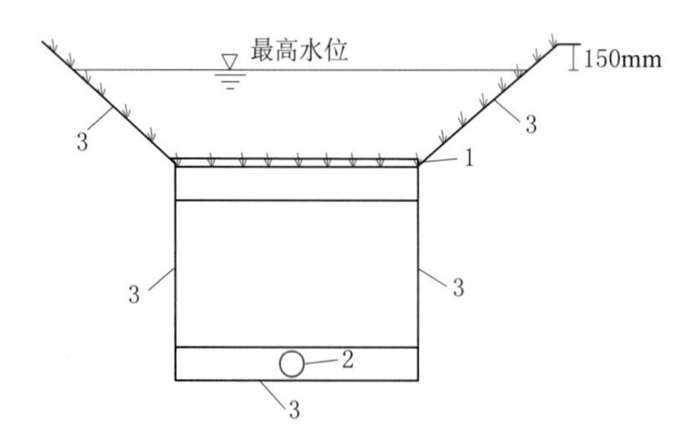

图 1.4-11　干式植草沟构造示意图

1—植被高度以下的淹没区域；2—暗渠穿孔管排放；3—透水土壤

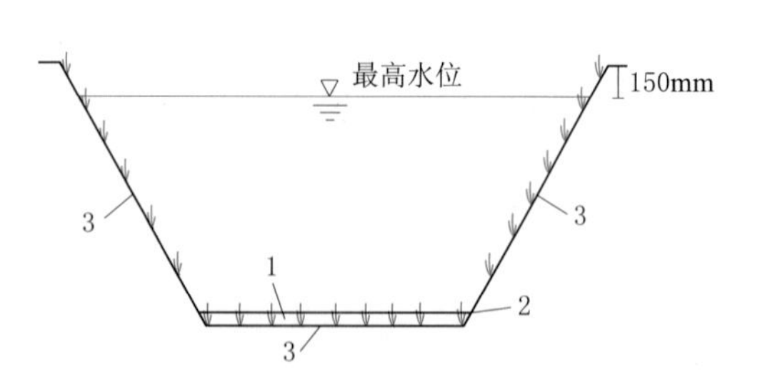

图 1.4-12　湿式植草沟构造示意图

1—处理区；2—植被高度以下的淹没区域；3—不透水土壤

2. 渗管（渠）

渗管（渠）（图 1.4－13 和图 1.4－14）指具有渗透功能的雨水管（渠），可采用穿孔塑料管、无砂混凝土管（渠）和砾（碎）石等材料组合而成。

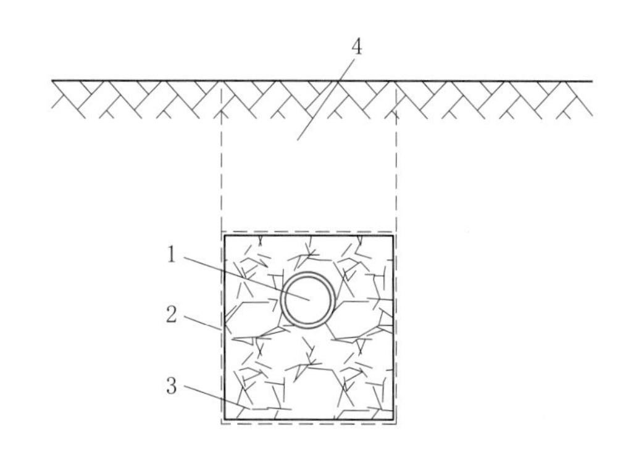

图 1.4－13　渗管典型构造示意图

1—穿孔管；2—透水土工布；3—砾石；4—覆土

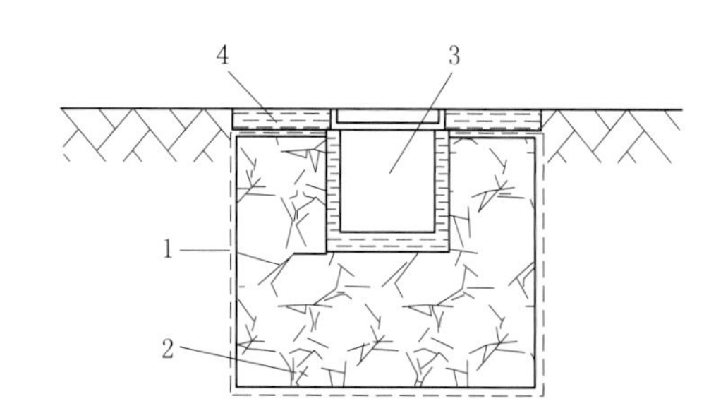

图 1.4－14　渗渠典型构造示意图

1—透水土工布；2—砾石；3—无砂混凝土渗透渠；4—无砂混凝土透水砖

1.4.5　雨水截污净化设施

1. 植被缓冲带

植被缓冲带（图 1.4－15）为坡度较缓的植被区，经植被拦截及土壤下渗作用减缓地表径流流速，并去除径流中的部分污染物。植被缓冲带坡度一般为 2%～6%，宽度不宜小于 2m。

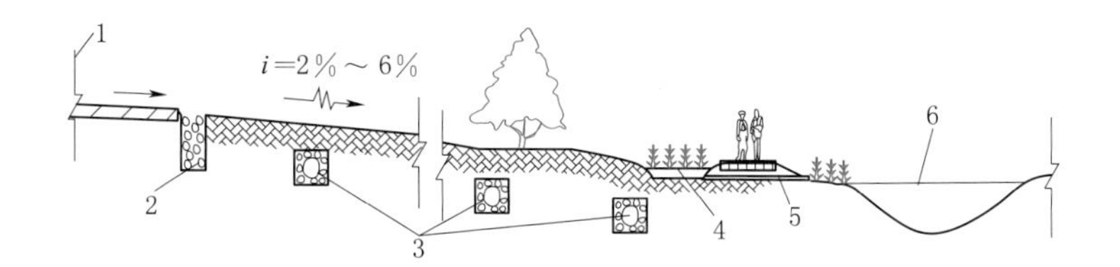

图 1.4－15　植被缓冲带典型构造示意图

1—汇水面；2—碎石；3—渗排水管；4—净化区；5—排水管；6—水系

2. 人工土壤渗滤

人工土壤渗滤主要作为蓄水池等雨水储存设施的配套雨水设施，以达到回用水水质指标。人工土壤渗滤设施的典型构造可参照复杂型生物滞留设施。

1.4.6　低影响开发（LID）与植物配置

低影响开发是利用城市绿地、道路和水系等调节空间对雨水进行吸纳、存储和净化，从而达到减少地表径流，存蓄并净化雨水的目的。其中绿地系统通过植物根系，微生物以及土壤的综合作用吸收降解雨水中的污染物，合理的植物配置亦可通过微生物、植物和昆虫吸引鸟类、蝴蝶和蜻蜓栖息，从而达到改善水气环境，修复自然生境和营造良好景观效果的目的。因此，植物配置与土壤选择起到非常关键的作用。

1. 植物选择原则

（1）选择耐涝为主兼具抗旱能力的植物种。由于雨水花园中的水量主要受降雨影响，存在漫水期与枯水期交替出现的现象，需选择既适应水生环境又要有一定的抗旱能力的植物。因此，宜选择根系发达、生长快速及茎叶繁茂的植物。

（2）选择本土植物种。本土植物对当地的气候条件、土壤条件和周边环境有很好的适应能力，具有维护成本低，去污能力强并具有地方特色等特点。

（3）选择景观性强的植物种。雨水花园一般选择耐水、耐湿且植株造型优美的植物作为常用植物，以便于塑造景观和管理维护。可通过芳香植物吸引蜜蜂、蝴蝶等昆虫，以创造更加良好的景观效果。

（4）选择维护成本低的植物种。多年生观赏草和自衍能力强的观赏花卉以及水陆两生的植物比传统园林观赏植物的优势在于：生命力顽强，抗逆性强，无需精心养护，对水肥资源需求甚少，能够达到低维护的要求。

2. 土壤条件

生物滞留池土壤需满足四大需求：①高渗透率。②在满足高下渗的条件下拦截污染物。③满足植物生长条件。④适当选择肥料。

3. 植物的后期维护

传统的植物景观需要维护，同样生物滞留池植物也应持续维护。由于LID的自然功能与连通水体的特殊性，LID植物维护与传统的景观维护又有所不同，主要表现在以下4方面。

（1）灌溉。一般的植物需2～3年长成，长成之后本地植物不需过多灌溉既能成活，但植物遇到旱季应及时灌溉，防止其萎蔫，在雨季利用雨水灌溉，灌溉频率必须控制适当，避免灌溉过量。

（2）及时修剪并清除杂草。可选择自然的方法和产品除草，不要在生物滞留池中使用除草剂和杀虫剂，以免给水生动植物带来潜在的毒性，可利用自然的方法和产品抑制杂草和害虫，如夜间人工光源诱导。

（3）堆肥护根。用于保持生物滞留池水分，防止植物根系腐烂，抑制杂草生长，需定期维护更换护根设施；护根要选用堆肥护根，树皮护根易在暴雨时被冲走，在暴雨后期应及时检查。

（4）施肥。选用最好的堆肥或黄金液体活性菌肥代替施肥给土壤提供营养和有益菌，护根堆肥的时间应选在每年的春天，或者在每年的5—6月之间喷施液体活性菌肥。

1.5 其他

1.5.1 环保清淤及底泥处理利用技术

环保清淤包含两个方面的含义：一方面指以水环境改善为目标的清淤工程；另一方面则是在清淤过程中能够尽可能避免对水环境产生影响。

环保清淤作为河库水环境综合治理措施的重要组成部分，其作用主要有以下几方面。

(1) 环保清淤能够有效去除河库水体内源污染物，改善水体水质。环保清淤通过环保疏挖设备精确地去除污染底泥层，并将其进行严格控制二次污染的处理，从而有效去除河库水体内源污染物，使底泥内源污染负荷得到有效控制，有利于水体污染物指标的下降、透明度的上升。同时，清淤后形成的新生界面层为较清洁的底泥层，具有较强的吸附能力，有利于水体自净能力的提高。

(2) 环保清淤能够改善河库水环境，促进水生态修复。环保清淤通过精确清除污染底泥层，形成较清洁的新生界面层，其具有较高的氧化还原电位和较强的吸附性能，有利于水生动植物的栖息和生长。另外，环保清淤使水质得到改善，污染程度降低，也大大改善了水生动植物的生境。所以，环保清淤能够有效促进水生态系统的修复。

(3) 环保清淤能够恢复库容，提高河道行洪能力。环保清淤与水利疏浚有机结合，通过清除底泥，能够减少水库和湖泊的淤积，恢复库容，增加水库和湖泊的蓄水能力和调节能力；能够减少河道的淤积，提高河道的输水和行洪能力。

1.5.2 水土流失治理技术

水土流失（water and soil loss）是指在水力、风力、重力及冻融等自然营力和人类活动作用下，水土资源和土地生产力的破坏和损失，包括土地表层侵蚀及水的损失。水土流失可分为水力侵蚀、重力侵蚀和风力侵蚀 3 种类型。

人为活动造成的水土流失是指人类对土地的利用，特别是对水土资源不合理的开发和经营，使土壤的覆盖物遭受破坏，裸露的土壤受水力冲蚀，流失量大于母质层育化成土壤的量，土壤流失由表土流失、心土流失而至母质流失，终使岩石暴露。

水土保持（soil and water conservation）是指对自然因素和人为活动造成水土流失所采取的预防和治理措施，水土保持是山区发展的生命线，是国土整治、江河治理的根本，是国民经济和社会发展的基础，是我们必须长期坚持的一项基本国策。水土保持是一项综合性很强的系统工程，涉及多学科，需要多部门配合，并采取工程性、生物性手段以及管理手段等来实现。

从水土保持措施类型分，可以分为工程措施、生物措施和蓄水保土耕作措施。

由于造成水土流失的成因和水土流失的特点不同，水土保持措施配置的侧重点有所不同，常见的配置类型可分为小流域水土保持综合治理、生态清洁小流域治理和生产建设项目水土流失防治。

1.5.3 高效能滨水景观

在现如今全球都关注环境的大背景下，大众对公共环境质量的关注度与日俱增。而水域不仅孕育了城市文明，更成为其景观风貌的重要组成部分，优美生动的城市滨水景观不仅为当地居民提供舒展身心的场所，也成为介绍当地自然人文风貌、突显内涵的城市名片。因此，城市滨水景观塑造，已成为城市规划设计的重中之重。合理的城市滨水区开发，不仅可以改善滨水区沿岸的生态环境，重塑具有城市特点的优美景观，提高当地居民的生活品质，而且还能起到增加国家税收、增加就业机会、增进投资，以及获得良好的社会形象和带动城市其他地区发展的作用。

高效能滨水景观设计包括河湖生态安全格局的分析与水生态基础设施构建、绿道与水岸治理的结合、滨水公共空间的保护与利用以及河湖业态开发引导等内容。

（1）河湖生态安全格局的分析与水生态基础设施构建。城市的规模和建设用地的功能可以是不断变化的，而由景观中的河流水系、绿地走廊、林地、湿地所构成的景观生态基础设施则永远为城市所必须，是需要恒常不变的。因此，面对变革时代的城市扩张，需要逆向思维的城市规划方法论，以不变应万变。即，在区域尺度上首先规划和完善非建设用地，设计城市生态基础设施，形成高效地维护城市居民生态服务质量、维护土地生态过程安全的景观格局。

（2）绿道与水岸治理的结合。滨水型绿道的生态功能体现在其具有净化功能、栖息功能、通道功能及过滤和阻隔功能。滨水型绿道的休闲游憩功能，体现在能充分利用其沿线资源及高度可达性，建设理想的公共休闲空间，促进公众健康。滨水型绿道的建设，会增加其相邻地区不动产的价值。同时，绿道常常为许多商业活动提供良机，并且其可作为旅游胜地，刺激当地经济发展。滨水型绿道沿着线性资源建设，将分散的历史遗产和民族风情源连接起来，为营造独特的城市风貌和城市特色提供了条件，在历史遗产保护和文化教育方面都具有重要的意义。

（3）滨水公共空间的保护与利用。城市滨水区景观生态建设是城市发展的重点，是改善城市生态环境质量的重要举措。在滨水区规划设计过程中，设计人员应从景观和生态建设两个角度出发，贯穿追求人与自然的和谐发展。同时还要根据滨水区自然环境承载力，设计出满足人们生活、娱乐和休闲要求的景观环境，从而进一步提高城市的环境形象。

（4）河湖业态开发引导。在滨水区更新改造中继承与延续其独特的滨水文化是滨水区文化的核心。如何保护滨水文化与传统价值也是城市文化经营的重点。一方面要保护好滨水区的历史街区、水街、水广场，恢复历史水街与水上活动；另一方面还需对滨水区新建筑的创造加以引导和控制，创造新建筑环境的场所感，使之具有文化内涵与地方特色，为城市的整体环境增色。

1.5.4 智慧河湖

“智慧河湖”是利用物联网技术、移动物联网技术、云计算技术、GIS技术、大数据分析技术、数学建模分析技术等在河湖管护中实现全面透彻的感知、宽带泛在的互联、智能融合的应用。

“智慧河湖”建设的目标包括以下几方面。

（1）感知的智慧：充分利用现代传感技术，实现对河湖全面、准确、实时的监测，形成强大的河湖物联网。

（2）业务的智慧：充分利用云计算、大数据分析等技术，对传统河湖管理的全领域实现智能化管理，切实提高河湖建设与管理水平。

（3）人的智慧：充分利用新一代的信息传媒技术，为社会公众提供定制服务，实现公众服务与公众参与的目标。

第 2 章
河道综合治理工程实例

2.1　黑臭河治理的过渡性措施——平阳县昆阳镇镇区河道水质改善工程

平阳县县域范围内河道众多，城市依水而建，因水而兴。随着平阳社会经济的快速发展，河道黑臭已经成为困扰平阳的顽疾，严重影响城市生态和人居环境，消除黑臭水体已势在必行，刻不容缓。

2.1.1　项目背景

平阳县位于浙江省东南沿海温州市南部，东濒东海，南邻苍南县，西依文成县，北接瑞安市，全县陆域面积 $1051km^2$。该工程主要位于平阳县中心城区昆阳镇。

昆阳镇城市河道总体水质差（图 2.1－1），局部发黑发臭，河道呈封闭或半封闭状态，河内多处河段设闸阻流，形成封闭水体，水流速度缓慢，水体流动性差。其主要原因是：①截污系统不完备＋城市面源污染。②河道人为节制，没有流动。③已有措施效果欠佳。

（a）现状一

（b）现状二

图 2.1－1　昆阳镇镇区河道治理前状况

随着平阳县社会经济及城市化建设的快速发展，加快黑臭河的治理，改善城市河道水质和水生态环境是十分迫切和必要的。该工程的实施将明显改善昆阳镇城市河道水质，消除黑臭现象，改善河道的生态环境；提高河道行洪能力；同时打造水景

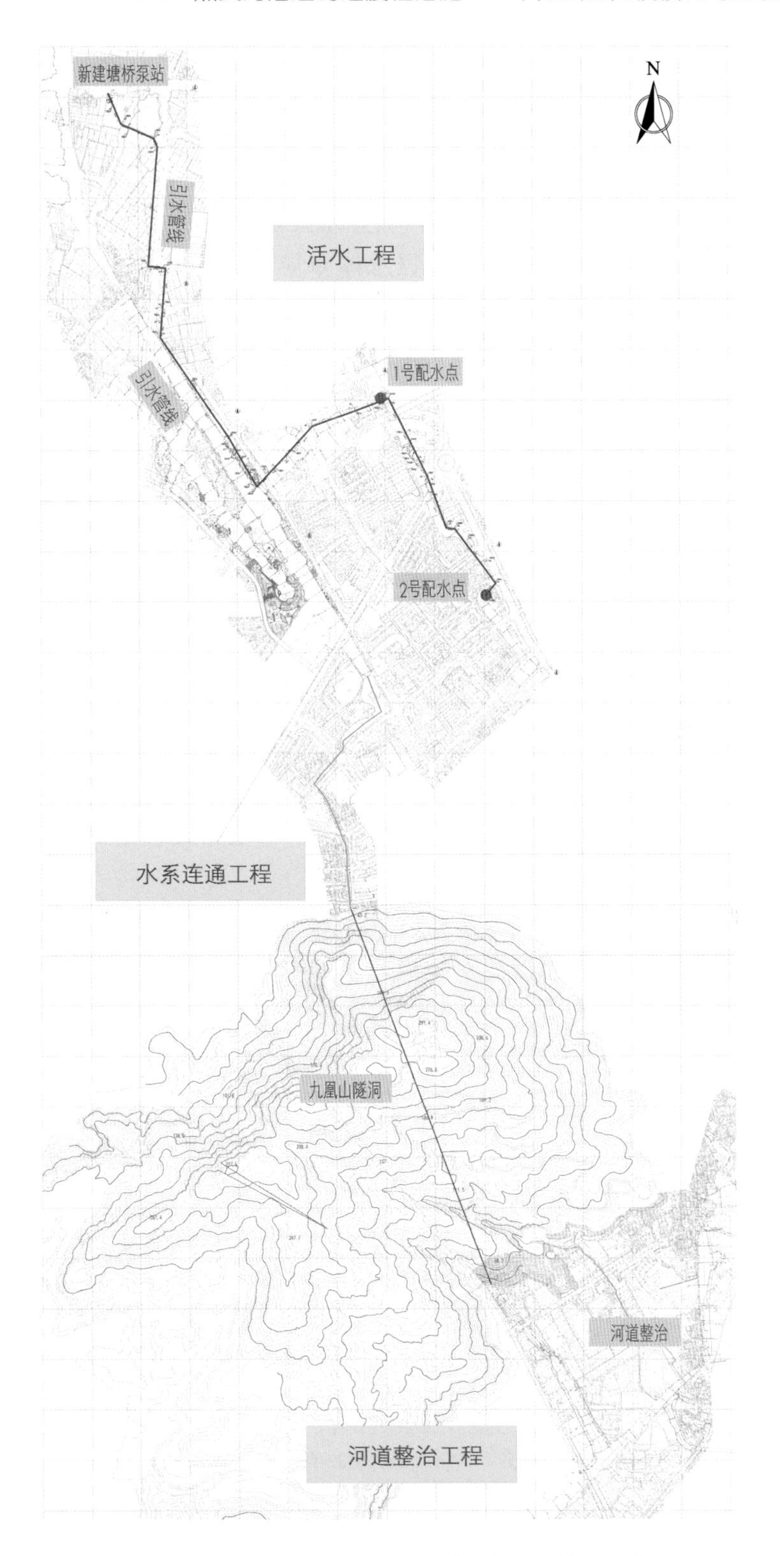

图 2.1－2　昆阳镇镇区河道水质改善工程总平面图

观，弘扬水文化。

2.1.2　工程总布局

针对黑臭河现状及其问题成因，该工程以“快速见效、便于实施、临时过渡”为原则，通过生态补水，截污、环通河道，应急水处理设施以及原位生态修复强化等过渡性措施来达到黑臭河治理的目标。工程总体布局（图2.1－2）主要分为河道整治工程、水系连通工程、活水工程3个部分。

河道整治工程主要分布在西塘河龙湖至隧洞南侧，涉及西塘河主干段、平塔河及塔下河支流等。

水系连通工程则是打通九凰山隧洞和连接隧洞河断头段，打通工程区内河道水系。

活水工程为促进城区段河道水体流动，改善河道水质。通过引调瑞平塘河、西塘河水分别入细龙河、隧洞河，一方面起到引清冲污的效果；另一方面促进区内河道水体的流动。

2.1.3　河道整治工程

河道整治主要通过截污、应急处理措施和原位生态修复强化实现。

该工程截污措施方面因实施雨污分流排水系统改造难度大，因此在现有雨污合流管渠基础上，建设污水管和溢流井。晴天，污水经过新建污水管道进入污水管网；雨天，雨污水溢流至雨水渠道进入河道。

同时因地制宜地采取径流应急处理措施（表2.1－1）控制黑臭现象发生，以一级强化处理作为底线手段实现污水处理覆盖：尚未并网或雨污合流溢流污水采取一级强化处理措施，避免直排。

表2.1－1　　应急处理措施汇总表

项　目		致黑因子主要控制项目		致臭因子主要控制项目		
一级强化处理效果	出水指标	悬浮固体（SS）	色度（稀释倍数）	化学需氧量（COD）	氨氮（以N计）	总磷（以P计）
		30mg/L	50倍	120mg/L	25mg/L	0.5mg/L
	平均值/标准值（Pi）	6	50	6	25	2.5
	黑色综合污染指数（Pbci）	23.6		—		
	臭味综合污染指数（Poci）	—		11.6		
	黑臭综合污染指数（Pbo）	17.6				

续表

项目		致黑因子主要控制项目		致臭因子主要控制项目		
二级处理效果	出水指标	悬浮固体（SS）	色度（稀释倍数）	化学需氧量（COD）	氨氮（以N计）	总磷（以P计）
		10mg/L	30倍	50mg/L	5mg/L	0.5mg/L
	平均值/标准值（Pi）	2	30	2.5	5	2.5
	黑色综合污染指数（Pbci）	13.2		—		
	臭味综合污染指数（Poci）	—		3.4		
	黑臭综合污染指数（Pbo）	8.3				
三级处理效果	出水指标	悬浮固体（SS）	色度（稀释倍数）	化学需氧量（COD）	氨氮（以N计）	总磷（以P计）
		10mg/L	10倍	10mg/L	1.5mg/L	0.3mg/L
	二级强化去除率	2	10	0.5	1.5	1.5
	黑色综合污染指数（Pbci）	5.2		—		
	臭味综合污染指数（Poci）	—		1.2		
	黑臭综合污染指数（Pbo）	3.2				

原位生态修复强化指在现有的浮床生态系统基础上，增加“土著菌种培养投加＋立体人工水草＋曝气”措施，以恢复河道生态净化功能，美化河道环境。其基本原理为河底微孔曝气系统向水体充氧，进而投加土著菌群，菌群附着于立体人工水草载体中快速繁殖、扩大，菌群形成团，大量吞食水中的污染物，使碳源转化为二氧化碳、氮源转化为氮气，使污染物浓度大大降低，水体变清。

该工程范围主要涉及西塘河主干段、平塔河及塔下河支流等。工程建设内容包括岸线设计及护岸调整、景观绿化工程等（图2.1-3～图2.1-6）。河道整治工程以

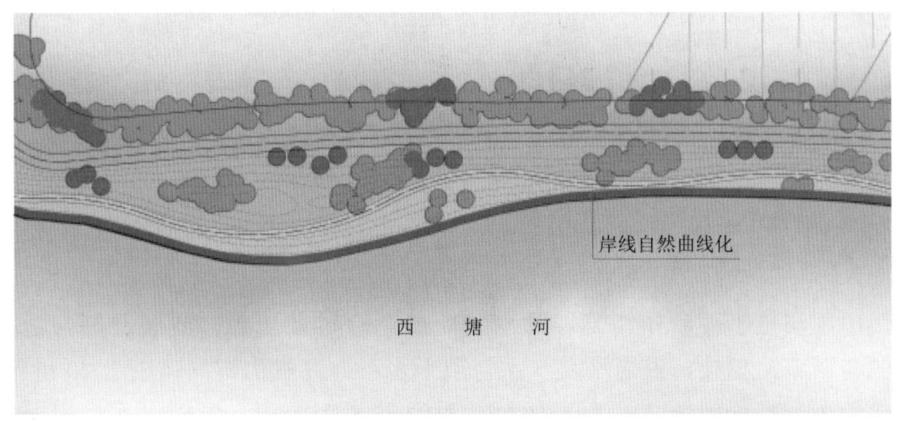

图2.1-3　水岸线形态设计示意图

构建自然的弯曲形态为主，减少人工痕迹，充分融入自然，尊重自然；同时在常水位线由河岸边向河内可依次布置挺水植物、浮叶植物、沉水植物。

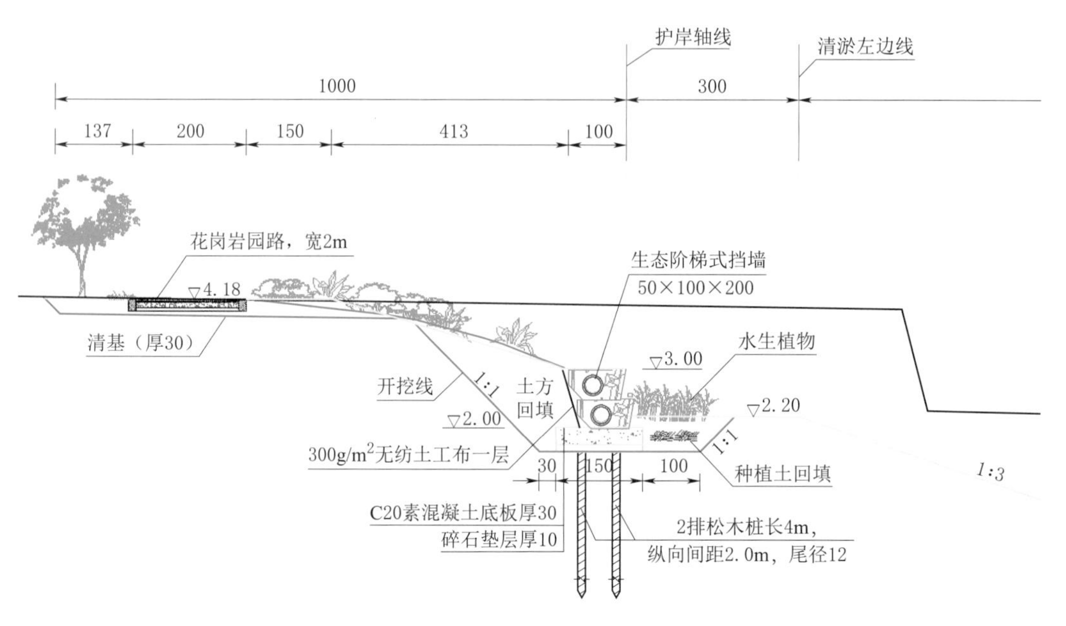

图 2.1-4 新型护岸设计示意图（单位：高程为 m；其余为 cm）

图 2.1-5 水岸线布置植物品种选择

2.1.4 水系连通工程

九凰山隧洞位于昆阳镇南部，为南北走向，穿过九凰山。隧洞北侧与隧洞河相接，南侧与西塘河相接，连通平鳌水系与瑞平水系。九凰山隧洞建成于20世纪70年代，建成后由于高程问题，一直未运行。后经过多年淤积，两侧水系已完全不能连通，本次对九凰山隧洞进行清淤及修复。

图 2.1-6　水岸线形态设计意向图

水系连通工程（图 2.1-7 和图 2.1-8）起点为隧洞南侧，终点为北门闸。工程主要内容：隧洞清淤约 1.59km；隧洞河清淤约 1.09km；新建坡南闸站（流量 0.50m^3/s，闸净宽 10m）；北门闸外立面改造，污水箱涵清淤 0.77km，连通箱涵两侧河道，同时打开昆阳镇区东水门步行街的污水箱涵。

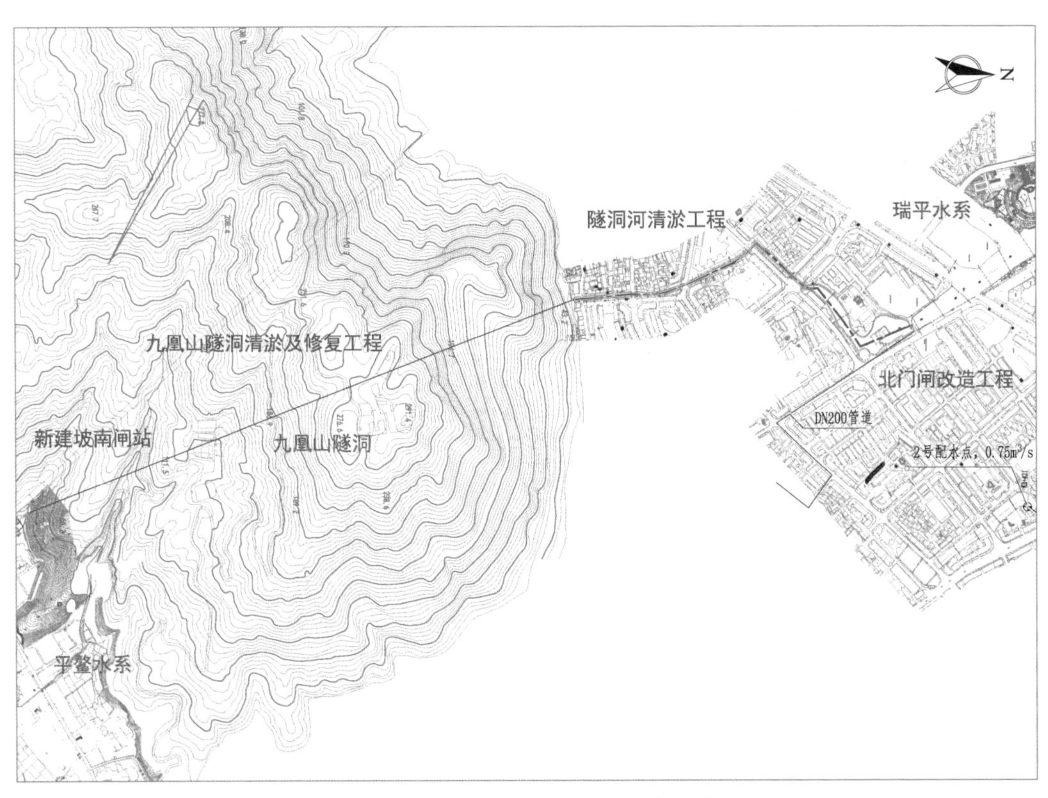

图 2.1-7　水系连通工程平面布置图

2.1.5　活水工程

图 2.1-8　北门闸立面改造效果图

活水工程目的是利用周边好水，通过引水让镇区的水体流动起来，使清水在区域内形成内循环，改善水环境。主要建设内容（图 2.1-9）包括新建一座引水泵站、引水管线的敷设以及北门闸翻水工程等。引水管线全程按压力流输水设计，设计流量 $1.25m^3/s$；引水管线起点为取水泵站（瑞平塘河上游塘桥），终点分别为细龙河中段配水点（配水流量 $0.5m^3/s$）以及下游配水点（配水流量 $0.75m^3/s$），引水线路全长

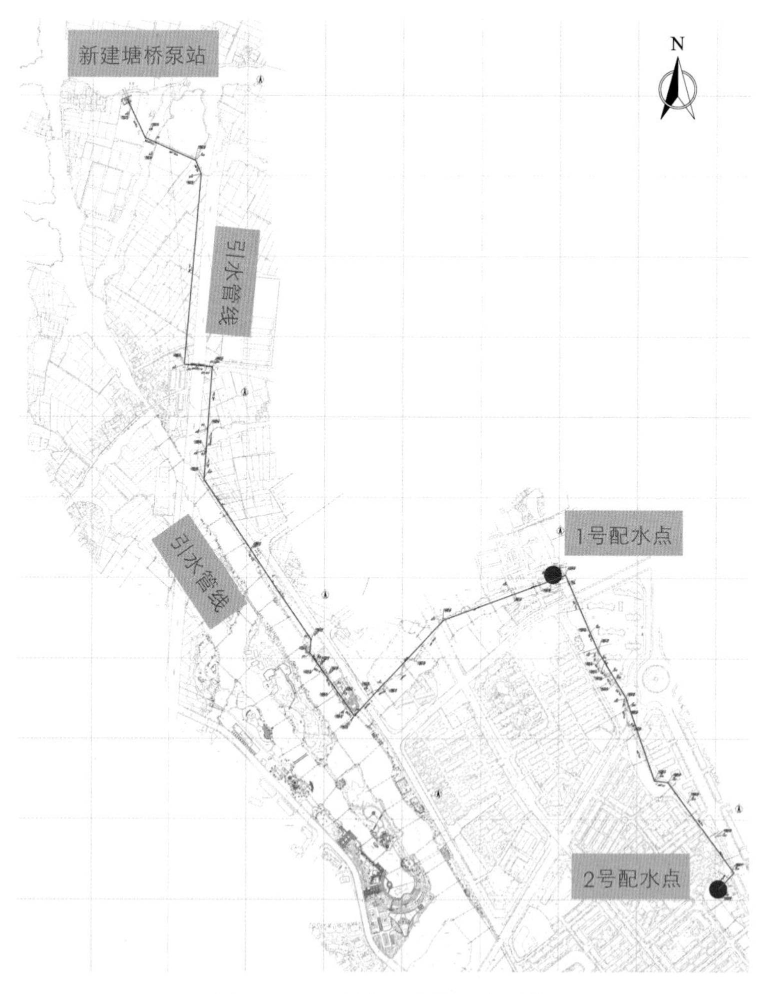

图 2.1-9　活水工程平面布置图

约 4.3km。北门闸翻水工程于现状北门闸附近处空地新建翻水泵站一座，将北侧水体引至南侧，拟引调水量为 0.25m^3/s。

2.1.6 小结

（1）雨污分流不彻底、初期雨水是河道水体污染的主要原因。

（2）城市河道水质提升是一个长期过程，综合治理是根本，但需要有过渡性治理措施。

（3）以引调水、活水以及水处理设施为主、现地处理为辅的城市河道水处理，是黑臭河治理的主要过渡性手段。

（4）城市河道综合治理，本质是为改善河道水环境，重建河道水生态系统，提升河道自净能力，使城市河道形成良性循环，城市河道的水环境管理和运营需要模式创新。

2.2 小城镇河系生态补水——玉环市玉坎河系生态补水工程

2.2.1 项目背景

玉环市地处浙江省东南沿海，台州市最南端，东濒东海，南临洞头洋，西邻乐清湾，北接温岭市；是由楚门半岛、玉环岛等 136 个岛屿组成的海岛县。全县东西长 40km，南北宽 30km，陆地总面积 378km^2。

玉环市境内河道浅窄，调蓄能力较弱，河道环境水量偏少。近年来，沿城区河道两岸的小型工业企业发展迅猛，其截污治污工程难以全面跟进，城区河道污染严重，现状水质基本为劣Ⅴ类，尤其是玉坎河下斗门以下至解放南闸河段水体呈现“五彩”状，炎热时节更是散发刺鼻气味。当地居民和社会各界人士对此反响强烈，呼吁尽快采取措施改善城区河道水环境，特别是改善玉坎河的脏臭现象，保证居民正常生产生活需求，提供居民游憩休闲的滨水空间，为实现玉环市“生态立市”战略提供强有力保障。

2.2.2 工程总布局

生态补水是解决玉坎河水环境问题的一项主要措施，生态补水工程的配水水源为漩门二期蓄淡水库，由泵船从水库抽水，通过引水管道沿漩门三期岸线、知青塘河、人民塘河、黄泥坎隧道、榴岛大道输水至玉坎河上游配水口，经合理调度对玉坎河系进行周期换水。其工程内容主要包括取水浮船泵站工程和引水管道工程，规模按 8 万 m^3/d 设计。

1. 水源

玉坎河系生态补水工程引水水源：漩门二期蓄淡水库，位于乐清湾顶东北段，北、东、南三面为低山残丘区，西临乐清湾，工程围区集雨面积 166.2km^2。总库容

8312 万 m^3，正常库容 6410 万 m^3，多年平均调节水量 5931 万 m^3。工程配水规模：玉坎河系总换水量 70.6 万 m^3，换水频率为一个月一次，每次周期为 7d。

2. 泵站

玉坎河系生态补水工程在漩门二期蓄淡水库内，靠近一期堵坝侧建立一座取水浮船泵站，规模 8 万 m^3/d，从漩门二期蓄淡水库取水，通过水泵加压输送至玉坎河上游配水点。泵站选用 2 台单级双吸离心泵，一大一小，便于运行调控。大泵设计流量 3600m^3/h，扬程 62m，配用电机功率为 800kW，额定电压 10kV；小泵设计流量 1750m^3/h，扬程 32m，配用电机功率为 250kW，额定电压 10kV。泵站总装机功率为 1050kW，负荷等级确定为三级。

取水管取水口为位于水库上层 3m 内，确保取用上层水，泵站出水管与一期堵坝下的 DN800 过坝管预留口相接。

3. 引水管线

引水管线起点为取水泵站，终点为玉坎河上游配水点，引水线路沿途经过漩门三期岸线、知青塘河、人民塘河、黄泥坎隧道、榴岛大道，全长约 10km。引水管线全程按压力流输水设计，全程采用管径 DN800，流速 1.8～2.25m/s；泵站流程和扬程基本可满足引水至玉坎河上游的需求。

根据管道压力、管径和地形地质条件进行管材选择，在地质条件较差、施工场地有限的管段选用 PE 管；地质条件较好、有施工条件区域管段采用球墨铸铁管；明敷、过河、穿越障碍等管段采用钢管。

考虑该工程今后有作为蓄淡水库向玉环城区提供水厂原水的需求，管道内外防腐按满足生活饮用水卫生性能《生活饮用水输配水设备及防护材料的安全性评价规范》(GB/T 17219—2001) 标准设计。同时考虑蓄淡水库水质不稳定的风险，取水口应确保取用蓄淡水库上层，一旦水质的盐度或电导度有变化时，及时停止取水，避免加剧管道腐蚀。

输水管线中所有埋地阀门处均设阀门井保护，阀门井采用钢筋混凝土结构，1km 左右设置一座阀门井。在管线纵断面起伏低处、纵向同坡向，每 1～2km 设置排泥阀，排泥阀管径采用 DN200 闸阀，工作压力同干管。

长输水管线需特别注意发生水锤爆管的事件。宜对输水管线进行过渡过程计算，并在此基础上，在输水管沿线装设一些必要的设施用于水锤的预防。装设的一般原则为：在管线的高点、拐点设置弥合性水锤预防阀；在输水管沿线每隔一定距离装设复合排气阀，水平段每隔 500～800m 装 1 个，上坡段间隔可大些，下坡段间隔应小些。

2.2.3　工程特点

该工程通过取水泵站与引水管道，将漩门二期蓄淡水库多余的水量输送到玉环市城区玉坎河，对玉坎河实施了生态补水，即节约了资源，又改善了玉坎河系水环境、提升了城市景观功能、提高了玉环县人民群众生活品质。

图 2.2-1 取水泵站

该工程取水泵站（图 2.2-1）因地制宜地采用了浮船泵站形式。泵船采用自然升降式，主要由船体、两侧辅助旋臂、中间主旋臂（输水臂）组成。船体通过两个对称的辅助旋臂和中间输水臂的钢制桁架与岸上的固定基础连接，形成岸边宽、浮船窄的三角形结构，足以抵抗风速和水速，通过计算，保证对抗水流及风力对浮体产生的冲击力，达到各种工况要求。

玉环市玉坎河系生态补水工程于 2016 年 9 月通过玉环市水利局与玉环市水务集团组织的完工验收，获得了专家和领导的一致好评价。

2.2.4 工程效果

玉环市玉坎河系生态补水工程是在玉坎河系水环境综合整治大环境下，主要通过生态补水工程，辅以河道日常水质监测与维护管理等非工程措施，来有效治理玉坎河水系水环境、恢复水系的综合功能。采取跨区域、跨流域的水资源调度方式，引玉环湖优质水源进入城区定点配水来盘活城区河网，使得引水水源地玉环湖流动性增强，增强了湖体的自然净化能力，这种做法极大地改善了玉坎河水系生态环境以及城区人居环境（图 2.2-2 和图 2.2-3）。本次玉坎河系生态补水工程，不仅助力玉环县完成“河畅水清、岸绿景美、人水和谐”的治水目标，还对恢复玉坎河系的基本功能，改善全市的水环境、建设生态城市、提升人民群众生活品质具有重要意义。

图 2.2-2 工程效果（一）

图 2.2-3 工程效果（二）

2.2.5　小结

（1）在水资源短缺地区，引水激活河道水体、提升河道负荷能力是一种不得已的“非常态”手段，主要作为过渡性补充性措施，不能取代本地治污。

（2）换水频率是确定项目规模和投资的关键因素。

（3）定点配水是确保工程效果的关键因素。

2.3　平原河道水体修复——杭州市拱墅区红旗河区片城市河道生态修复工程

2.3.1　工程概况

拱墅区红旗河区片位于京杭大运河与西塘河之间，东西分别以西塘河及运河为界，南至运河与西塘河交界处，北至祥园路，是连通运河与西塘河的重要区域，也是拱墅区城市河道系统的重要组成部分（图 2.3－1）。区片内有 6 条主要支流，由北向南依次为：南洋河、周家河、红旗河、后横港、连通河以及贯通南北的十字港。

该工程的对象主要为十字港和红旗河，兼顾区片河道水系贯通，活水畅流。十字港河起止点分别为西塘河与祥园路，长度为 2487m，水域面积约 54724m²；红旗河起止点分别为运河与西塘河，长度为 2048m，水域面积约 46400m²。

2.3.2　现状问题

项目区河道水质状况差异较明显。十字港、红旗河水质较差，均为劣Ⅴ类水质；后横港和连通港经过治理后水质大为改善，均达到Ⅲ类甚至Ⅱ类水质。十字港和红旗河水质较差，水体视觉、嗅觉效果不佳；河面偶见漂浮垃圾以及浮萍，某些河段有油污，影响水质状况（图 2.3－2）。

图 2.3－1　工程区位图

图 2.3－2　治理前项目区河道状况

红旗河区片内现已基本完成截污纳管工作，沿岸有一定数量的雨水口，初期雨水携带的大量污染物会通过雨水排放口进入河道水体。

2.3.3 设计重点

（1）现状水体浑浊发绿，富营养化严重——稳定完善的水生态净化系统构建。

设计重点：采用控藻生物引导的水生态治理技术，逐步构建适合于该项目水体的水生态系统，实现人工水生态系统向自然生态系统的演替，恢复水体生物多样性，充分利用自然系统的循环再生、自我修复等特点，实现水生态系统的良性循环和水体自净功能。

（2）河道沿岸存在雨水排放口——建立初期雨水强化预处理工程。

设计重点：在雨水排放口设置初期雨水强化预处理工程，降低初期雨水入河污染。

（3）十字港、红旗河水体富营养化严重，蓝绿藻暴发——底泥活化工程。

设计重点：通过投放微生物制剂实现对十字港、红旗河河道底泥的活化处理，同时促进后续水生态系统的构建。

（4）河道弯角处水体流动性差，水质易恶化——安装曝气复氧系统。

设计重点：该项目在十字港、红旗河内安装曝气复氧系统以促进水体流动，同时实现河道水体的良好循环和水体交换，促进十字港、红旗河水质均达到质量标准。

2.3.4 工程总布局

该工程在生态性与功能性原则、整体性与景观性原则、生态安全原则、先进性与经济最优等原则指导下，立足当前片区区域环境、水体水质特征等现实条件的基础，提出分3个阶段的综合整治思路，各阶段目标如下。

第一阶段：通过以水生态修复为主的综合治理工程措施，使红旗河区片河道（主要是十字港、红旗河）水质基本稳定在Ⅳ类水标准。

第二阶段：环通区片水系，使片区总体水质稳定在Ⅳ类水标准；逐步开展区片水系配水工程，补充一定量的外围西塘河水（Ⅴ类～劣Ⅴ类）进入区片后，区片总体水质不下降，能持续稳定在Ⅳ类水标准，并向外围运河排放清洁水体。

第三阶段：开展区片水文化建设，逐步恢复区片内的自然河道景观，同时开展亲自然配套设施建设，加强公众参与宣传等工作。

（1）主要工程内容。该工程采用以“生物控藻引导的水生态治理技术”为核心的治理技术，辅以“水生植物＋曝气复氧”及生物操纵等技术对项目区河道进行综合治理。利用控藻生物摄食水中的藻类、悬浮物颗粒等，快速提高水体透明度；然后逐步构建适合于该项目水体的水生态系统，实现人工水生态系统向自然生态系统的演替，恢复水体生物多样性。充分利用自然系统的循环再生、自我修复等特点，实现水生态系统的良性循环和水体自净功能。主要工程内容见表2.3-1。

表 2.3-1　主要工程内容

项目	主要措施	功能和目标	备　注
前期工程	底泥活化	便于生态系统构建工程的顺利实施；减缓水体底质对生态系统的负面影响	水体生态修复的前期准备工作
初期雨水强化预处理	人工水草挂膜＋曝气	净化水体	重点实施内容之一
曝气复氧工程	水车式增氧机、曝气机安装	增加水体溶氧量，促进水体内循环	该工程辅助措施
水生态系统构建工程	控藻生物投放、沉水植物种植等	实现水体生态系统的构建和长期稳定	关键内容
大型底栖生物群落构建工程	人工投放	促进系统长期稳定，提高水质净化效果，改善水下景观	重点实施内容之一
食物网构建工程设计	人工投放	完善水下系统食物链，保持系统稳定	重点实施内容之一

（2）工程建设过程。工程主要建设过程包括前期对水质、底质、水生生物以及周边生态环境的调查分析；对底泥的活化处理，减少水体底质对生态系统的负面影响；初期雨水强化预处理（图 2.3-3）以及植物种植与菌种投放。

（a）罗茨风机

（b）风机管道

（c）生物挂膜处理区

图 2.3-3　初期雨水淡化预处理

2.3.5　工程效果

经过一系列工程措施，红旗河片区现已初步呈现“水清、流畅、岸绿、景美”的效果（图 2.3-4）。2016 年 9 月，该工程被浙江省水利厅评定为 2016 年浙江省河道生态建设优秀示范工程。

2.3.6　小结

（1）开展城市河道成区片治理模式。该河道治理工程涉及多条河道，水体之间通汇贯通。设计开创性地采取城市河道区片综合治理模式，以小流域为治理基础，综合考虑各条河道各自的特征，融合区片整体水环境特点，充分考虑河道水体的交换，选取相应的工程技术，力争把红旗河片区打造成水环境优异的城市水功能区。

（2）独具特点的“反哺运河”的设计理念。红旗河区片位于京杭大运河与西塘河

(a) 效果图（一）

(b) 效果图（二）

图 2.3-4 工程建成效果图

之间，河道与这两大水系相通，工程设计过程中充分考虑到运河等周边大型水系对区片河道水环境的影响，创新思维，将不利影响转换成良性影响，提出“反哺运河”的设计理念，通过全面提升区片河道及周边水环境，稳定水质达到理想水平，环通区片内水体流动，使区片内河道为运河输入源源不断的清澈水体。

（3）立足水环境基础，提出分阶段治理思路。该工程在生态性与功能性原则、整体性与景观性原则、生态安全原则、先进性与经济最优等原则指导下，立足区片区域环境、水体特征以及水环境现状等现实条件，提出分 3 个阶段的综合整治思路：第一阶段主要目的为改善水质并达标；第二阶段为稳定水质并能够为运河输出清洁水体；第三阶段为区域水文化建设，阶段性治理思路可为城市河道治理提供一定的参考。

（4）各种工艺技术层层推进的综合治理模式。该工程选择了多种工艺技术，包括初期雨水预处理、底泥活化、曝气复氧、控藻生物投放、沉水植物建设、大型底栖生物群落构建以及鱼类放养等工程、配水畅流等技术，各种技术之间层层推进，形成区片河道综合治理的技术支撑；同时，仅仅通过在水域范围内布置相关工艺及技术，便形成从水体表层到底层、从源头（初期雨水）到末端（河道污染水体）的污染水体全覆盖。

2.4 平原河网水系连通与综合提升——海宁市长山河区片水系连通工程

2.4.1 项目概况

长山河的海宁市区片水系综合治理是对海州、硖石街道范围内的 16 条河道及海昌街道长山河海宁市区段的综合治理项目。其中海州街道河道总长 3.19km、硖石街道河道总长 9.28km，总绿化建设面积 22.26 万 m^2。海昌街道总长约 14km，总绿化建设面积 19.39 万 m^2。

2.4.2　设计理念

（1）源头活水——调活淙淙细流的平原河网水系。以长山河、鹃湖为清水廊道，引水入圩以沟通和梳理水网，通过调活水体，实现以动治静，以清释污，以丰补枯，改善流域水质。

（2）明澈清水——描绘鱼翔浅底的诗意情景长卷。通过雨水口处理、LID 技术的应用，水下森林营造、生态补水等技术的应用，从源头控制、面源截污等方面，确保流域水质。

（3）咫尺近水——打造人水共融的活力滨水空间。合理利用现状生态景观资源，依托自然河流景观，利用有限的土地创造丰富多样的滨水空间和滨水活动，加以绿道的贯穿，提升区域土地价值和活力。

（4）人文乐水——挖掘博大源远的城市文化底蕴。通过雕塑、小品等城市家具及廊桥、埠头等的设计和改造，结合两岸特有的建筑风格和尺度亲切的空间的塑造，传承和展示海宁独特的文化内涵。

2.4.3　工程总布局

此次流域综合治理以促进城市综合发展、加强生态环境建设为初衷，围绕护岸建设及绿化景观展开，践行“人水共处、人水和谐”的生态理念，以实现“水清、流畅、岸绿、景美”的目标。长山河流域重点治理区域主要为：以长山河（海宁市区段）沿岸为主的乐活自然区块，以硖石街道为主的悠活风尚区块以及以海州街道为主的慢活自然区块。

2.4.4　亮点工程

（1）河道生态建设。原河岸线设计呈直线、硬质形式较多，生态性较差，亲水性不足，已经不符合先进的河道治理理念。因此本次亮点提升中摒弃传统做法，使其岸线更具变化性、生态型、亲水型。需要调整的河道有盛家港（图 2.4-1）、薛家港、燕子港（图 2.4-2）、姚坟港、湖西港、张家港。

河湖整治重要的是要处理好防洪排涝与生态保护的关系，注意河湖治理、岸线利用与保护规划相结合，积极采用生物技术护岸护坡，防止过度“硬化、白化、渠化”，注重加强江河湖库水系连通，促进水体流动和水量交换。同时要防止以城市建设、河湖治理等名义的盲目裁弯取直、围垦水面和侵占河道滩地。

以姚坟港中段设计为例（图 2.4-3），此区段位于鹃湖西侧，长 600m，河道平均宽度为 20m，东侧有预留绿化用地，设计范围充裕，且周边景观要求比较高。此段运用色带手法设计，将河道景观设计成多彩景观廊道。樱花、海宁市市花紫薇等形成的流线型的粉色植物带凸显了城市魅力，也与鹃湖的蓝色水岸线形成呼应。

此外，岸线的自然化、滩岛及湿地泡的设计，不仅摒弃了整齐划一的断面形式，

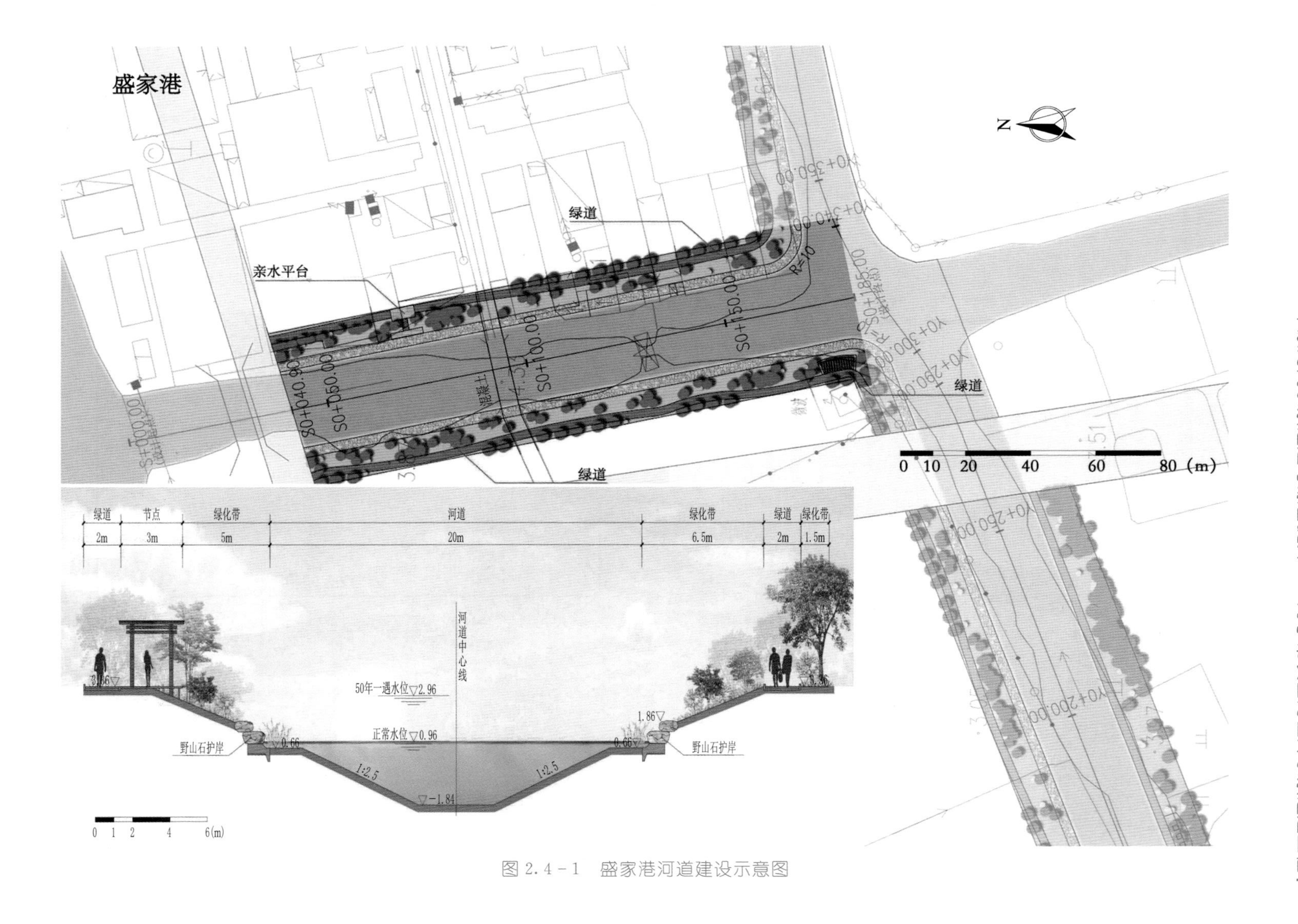

图 2.4-1 盛家港河道建设示意图

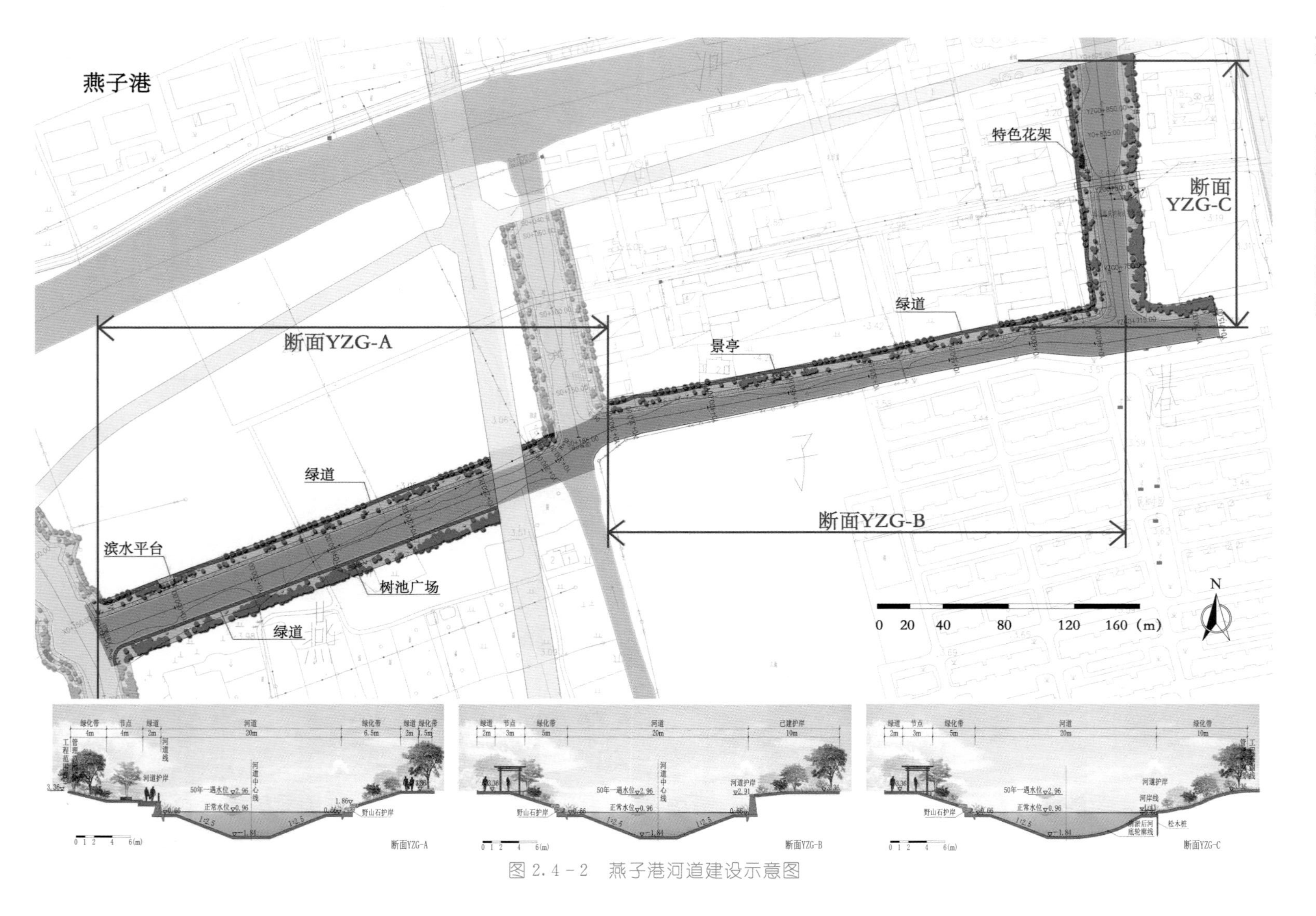

图 2.4－2　燕子港河道建设示意图

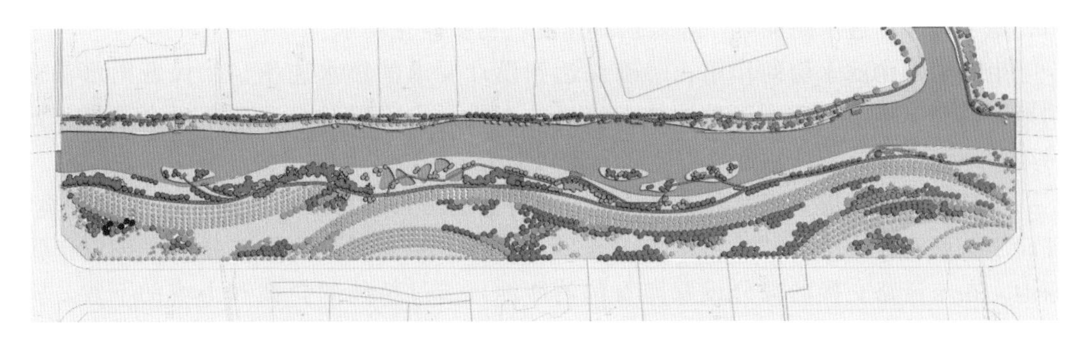

图 2.4-3 姚坟港河道中段平面图

也加强了雨水的滞留与渗透，凸显海绵城市建设理念。

将原河岸线去直取弯，尽可能地创造出自然形态的岸线，同时营造出水陆过渡带，增加动植物生长环境的多样性，也能一定程度地增加河流周边生物的多样性。把河流周边有空间的区域设计成自然岛屿、湿地等自然形态，增加河流水域面积，也能发挥湿地的净化水质的功能，利用滨水空间营造多样的活动空间。保留部分陆地并将其改造为岛屿滩地，在减缓水流速度的同时分割水面空间，净化水质（图 2.4-4）。在流速较缓，景观视线良好处设计亲水平台和垂钓台，丰富滨水空间活动类型，实现人、水、绿互动交融。

图 2.4-4 姚坟港河道中段效果图

（2）LID 技术利用。该工程滨水景观带宽多为 10m，局部为 15m，生态式护坡形成的坡面使降雨期间受面源污染严重的水体径直流向河道，使河道受到不同程度的污染。因此，在有条件的岸坡借鉴 LID 技术中的生态植草沟、下凹式绿地、雨水花园、地下蓄渗、透水路面等，降低径流速度，初步净化雨水。

生态植草沟滤水层的作用：①确保达到设计要求的排水速率。②保证雨水渗透到地下以补充地下水源。③过滤地面流经的有机污染物以及机动车车辆交通带来的污染（地面杂质、液体渗透、重金属元素污染等）。

坟桥港、湖西港、张家港及姚坟港（坟桥港到海州东路段）两侧绿地为 15m 宽，且属于新城建设集中区域，污染负荷较重，故在护坡范围内选取部分区段设置下沉绿地，在与道路交接的部分设置卵石沟消能池，通过植物的拦截和土壤的下渗，降低地表径流速度，净化处理雨水。

（3）水质净化。水质提升工艺流程的选择是污水处理工程建设的关键，处理工艺选择是否得当，不仅影响处理效果，而且还影响整个处理工程的基建投资、处理工艺运行的可靠程度、运行费用以及管理操作的复杂程度。因此必须结合污水的水量、水质以及温度、气候、气象、地理、经济等实际情况选择适宜的处理工艺，以达到出水回用的要求。

采用生态处理的方法处理低污染河水是一种有效的、经济的，也是目前最常用的成熟的水处理方法。

活性生物滤床是 20 世纪 70 年代末发展起来的一种生态型污水处理新技术，兴起于美国、澳大利亚、荷兰、丹麦、英国等国家。有关活性生物滤床水处理能力和过程的基础研究已经比较成熟。目前欧洲已有数以百计的活性生物滤床投入废水处理，其特点是出水水质好、具有较强的氮磷处理能力、运行维护方便、管理简单、投资及运行费用低等优点，但也具有处理效果不稳定、系统易堵塞和占地面积大等缺点。因此，通过优化活性生物滤床的结构，选用功能性脱氮除磷填料，不仅可以克服传统系统易堵塞的缺点，保证系统正常运行，还可以大大提高水力负荷，减少占地面积。

为有效去除河水中的悬浮物，需在活性生物滤床前加设一段预处理系统，该方案拟采用生态型的水生生物塘来实现这一功能。

根据上述分析，该水质提升工程确定采用“水生生物塘＋活性生物滤床”的水质提升工艺。

（4）活水工程。海宁市地处杭嘉湖平原河网的末梢地区，且地势低平、河道水体流动性较差，自净能力弱。城镇生活污水、垃圾、工业点源、农业面源等造成的污染，已经远远超过河流水环境承载能力，无法满足河道水功能及水环境功能的目标水质要求。

该工程结合鹃湖备用水库换水方案改善规划区的河道水体流动。鹃湖自长山河引水，水质较差时通过水体置换等措施改善其水质。在河道水体流动程度较低的区域内增设补水点，使其内部水体进行定期的交换，促进水体的循环净化。使河道内水质得到进一步提升。最终达到“以动治静，以清释污，以丰补枯，改善水质”的效果。

2.4.5 小结

（1）城市河网整治不仅实现水利功能，也要与区片城市发展统筹考虑。即“多规合一，水岸同治”。

（2）采用设计施工总承包（EPC）模式建设，在工期、质量、安全、投资方面得到较好保障，并成功创建海宁市第一个水利工程标准化工地。

（3）城市河网综合治理需要建立多部门协作机制，保障政策，共同推进。

2.5 山溪性城市河道生态修复——安吉县石马港生态改造工程

2.5.1 工程概况

安吉县石马港（玉磬路—昌硕东路）生态改造工程位于浙江省湖州市安吉县。项目改造段河道长350m，宽50m，涉及流域面积约20km^2，河道坡降约为0.5%。项目类型为山溪性城市河道治理和生态修复。整治内容包括河道疏浚、护岸重塑、水生态修复、水景观营造等。设计时间为2014年4月，竣工时间为2015年11月，工程造价为320万元。

2.5.2 现状问题

安吉县石马港（玉磬路—昌硕东路）生态改造段河道现状（图2.5－1）存在以下几点问题与需求。

（1）河道淤塞情况严重，影响正常行洪。

（2）河道渠化、硬化，两岸护岸直墙耸立，与水面高差大，亲水性差。

（3）左岸石马港公园平行汊河口门淤塞使汊河成为死水，水质状况差。

（4）河段位于中心城区，居民对河道环境要求高。

2.5.3 整治目标

以恢复河流自然形态为主要出发点，展示清新秀丽的城市湿地景观，发挥生态修复、休闲娱乐、科普教育的作用，提升当地城市形象（图2.5－2和图2.5－3）。

2.5.4 工程总布局

1. 恢复河床自然形态（图2.5－4）

（1）岸线设计顺应河势走向，与洪水的主流线大致平行。

（2）在保留原直立式挡墙的基础上，通过对槽线的生态化设计，达到主槽呈现出自然蜿蜒的形态。

（3）下段通过开挖疏浚，形成视线开阔的“镜湖印月”景观大水面；中段将主槽

（a）改造前状况一

（b）改造前状况二

（c）改造前状况三

（d）改造前状况四

图 2.5－1　石马港生态改造前状况

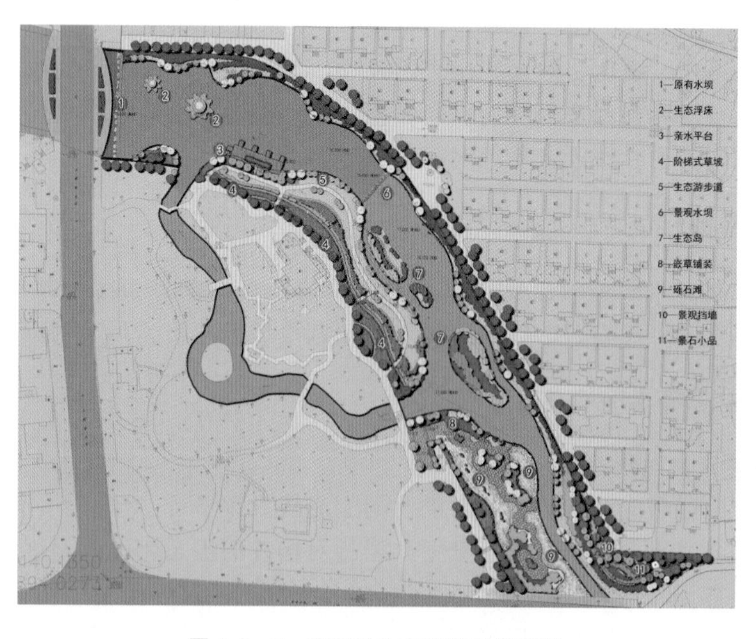

图 2.5－2　石马港生态改造总平面图

图 2.5-3 石马港生态改造鸟瞰图

图 2.5-4 石马港生态改造完工实景

移至右岸，营造以“川荻栖鹤”为主题的多个小滩地，为各种生物创造了适宜的生存环境，又降低了水流速度、蓄洪涵水、削弱洪水的破坏力。

2. 护岸断面多样化

根据主槽功能定位、主槽宽度、周边环境等因素，拟定了多种断面形式。避免采用统一的断面形式，体现生态河道护岸形式的多样性，见图 2.5-5。

3. 景观设施人性化

根据设计后的主槽进行景观设施设计，下段增加亲水平台，形成游人亲水、休

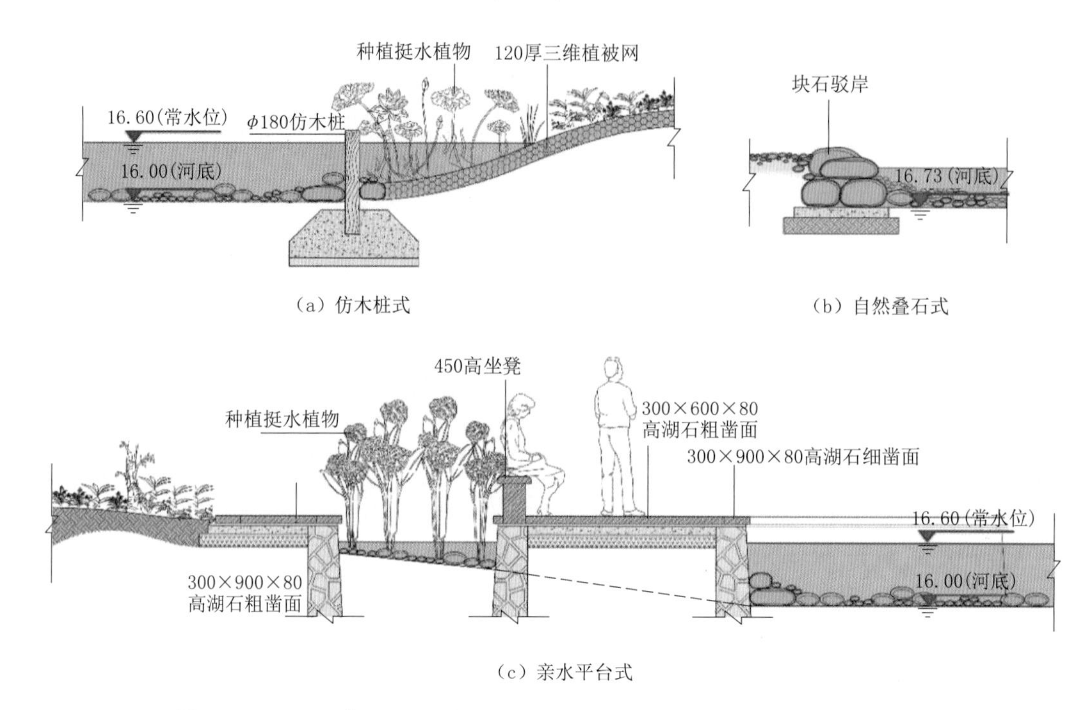

(a) 仿木桩式

(b) 自然叠石式

(c) 亲水平台式

图 2.5-5 石马港生态改造护岸断面形式（单位：水位为 m；其余为 mm）

闲、观赏的生态景观场所。中段将主槽移至右岸，弱化石马港公园一侧的直立挡墙，设计台阶式坐凳挡墙，使得空间与石马港公园形成统一整体，这样既扩大了公共开放空间，又为游人提供了休憩的场所。上段保留部分现状石滩，形成“石滩夏浴”主题场景，结合台阶、绿化和铺装，营造出从滩地向水岸延伸的自然生态环境，丰富游人亲水活动空间（图 2.5-6）。

4. 植物的选择与后续管理

(1) 在植物设计上，重视洪水对植被的不利影响，选择的植物需经得起短期洪水浸泡与冲刷。

(2) 以本地植物为主体，提高生态系统的抗冲击能力，进而降低后续管理的难度与成本。

(3) 在植物栽植后恰逢暴雨洪水，由于刚种下的一部分植物扎根较浅而被冲走，后期已及时进行补种。

植物效果见图 2.5-7～图 2.5-9。

2.5.5 工程效果

过去河里沙石堆积，野草疯长；而如今水清河净，花红草绿（图 2.5-10）；经历了台风“灿鸿”“莲花”及多次暴雨洪水的考验（图 2.5-11），石马港生态改造效果一目了然。河道宽阔、景观别致，周边住户过去紧皱的眉头舒展了，高兴地说：“现在环境好了，还能‘下河’去走走，生态改造让这条河和石马港连成了一片，咱

（a）改造后效果（一）　　（b）改造后效果（二）

（c）改造后效果（三）

图 2.5－6　石马港生态改造景观设施

图 2.5－7　石马港生态改造植物效果图

们休闲的范围更大了，窗口的风景也更美了”。

2.5.6　小结

（1）项目定位山区性城市河道的生态修复，恢复河流原有特性。山区性河流的特性：有坡降、丰枯变化大、洪水流速大。

（2）城市河道不仅有行洪功能，还要有休闲功能，提供适宜的人居环境。

（3）谨慎布置，恢复主槽并进行必要的防护，防冲设计要关注流速。

图2.5-8 石马港生态改造2个月后的植物

图2.5-9 石马港生态改造2年后的植物

图2.5-10 石马港生态改造后实景

图2.5-11 石马港生态改造后洪水期实景

（4）要考虑减少防洪影响，考虑短期洪水的浸泡与冲刷。

（5）工程的实施要加强与社区老百姓沟通（公众参与）。

2.6　河道型湿地公园生态修复——安吉县西苕溪乌象坝湿地公园

安吉县乌象坝湿地探索了山溪性河道型湿地的生态修复，并提出了洪水与常水兼顾、引导型修复和尽量减少人工干预等治理理念。同时，在骨干行洪河道建设“野趣型”湿地公园更是一种大胆的尝试。

2.6.1　工程概况

安吉县乌象坝湿地工程属于“治太五大工程”中的“苕溪清水入湖河道整治工程”安吉段子项（图 2.6－1），位于西苕溪上游安吉县城西北方向，距离县城 5km。工程涉及湿地建设面积 86.1hm²，投资约 7330 万元。

图 2.6－1　安吉乌象坝湿地工程范围示意图

通过对项目场地的现状分析（图 2.6－2），项目地块主要问题与需求有：①河道采砂使生态环境遭受破坏。②城市扩张发展需要一个湿地公园。

2.6.2　总体定位

生态优先，恢复自然原始面貌，兼顾休闲、野趣和城市水源涵养功能，打造以湿地保护、科普教育、水质净化、生态观光为主要内容的综合性湿地区。上游段以休闲观光为主，中游段打造田园风光，下游段进行生态抚育。

2.6.3　工程总布局

1. 总平面布置图

（1）常水状态（图 2.6－3）。

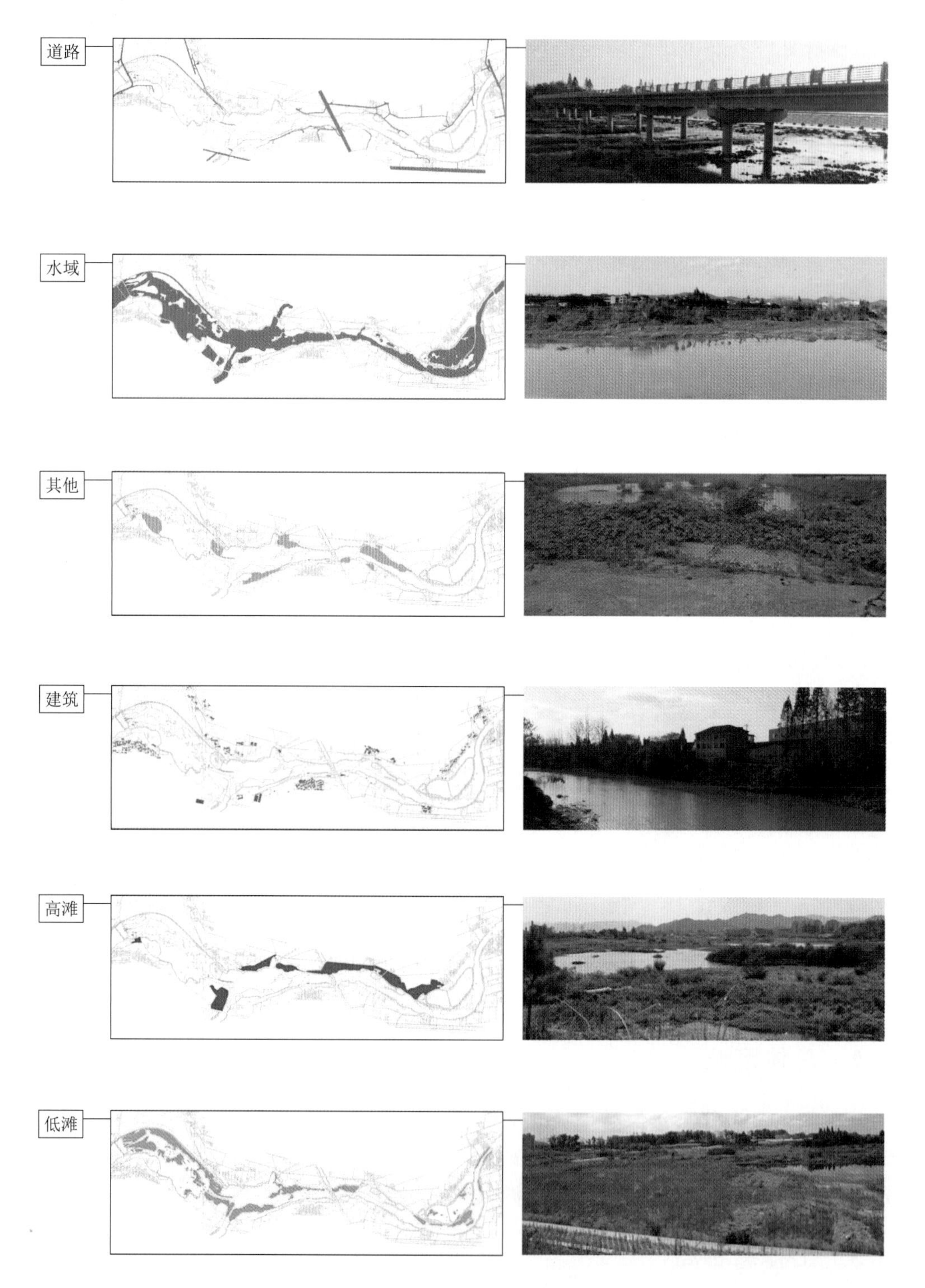

图 2.6－2　安吉乌象坝湿地现状分析

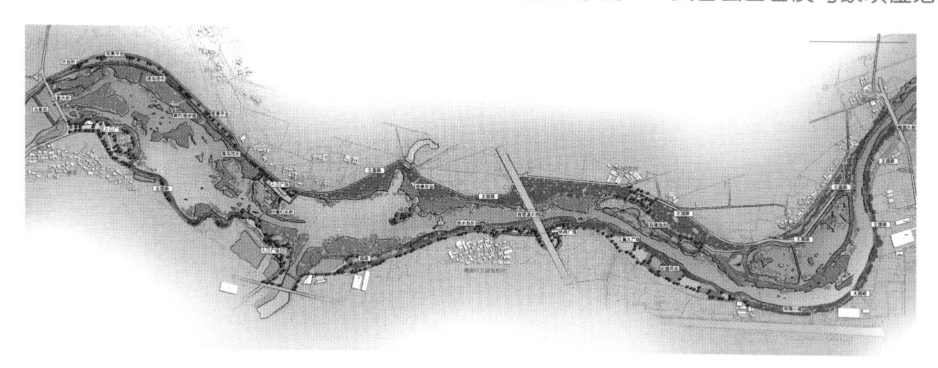

图 2.6-3 安吉乌象坝湿地常水状态平面示意图

（2）洪水状态（图 2.6-4）。

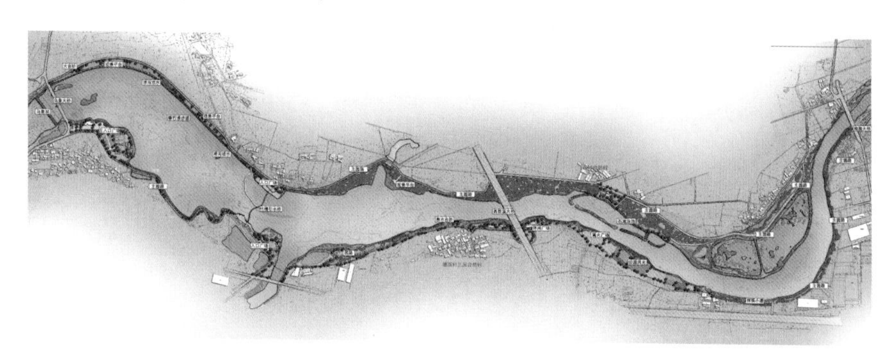

（a）5年一遇

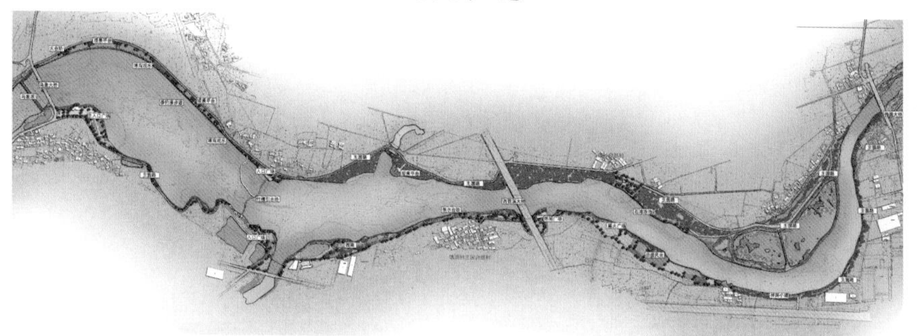

（b）20年一遇

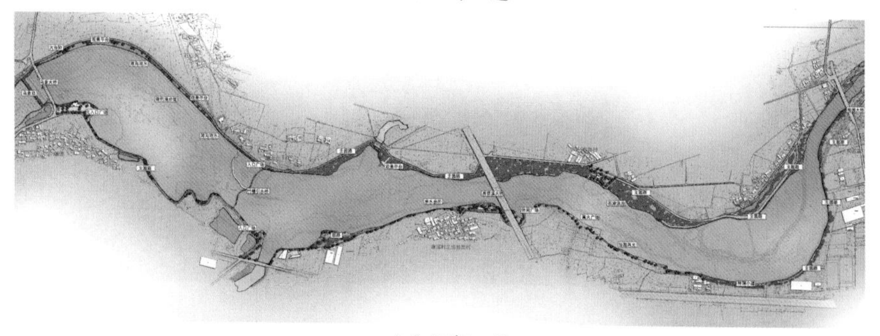

（c）50年一遇

图 2.6-4 安吉乌象坝湿地洪水状态平面示意图

2. 功能分区

总体分区：一廊-两带-三片区（图 2.6－5）。

（1）一廊：河道生态绿廊。

（2）两带：河岸生态缓冲带，水陆链接纽带。

（3）三片区：休闲观光区（图 2.6－6）、田园体验区（图 2.6－7）、生态抚育区（图 2.6－8）。

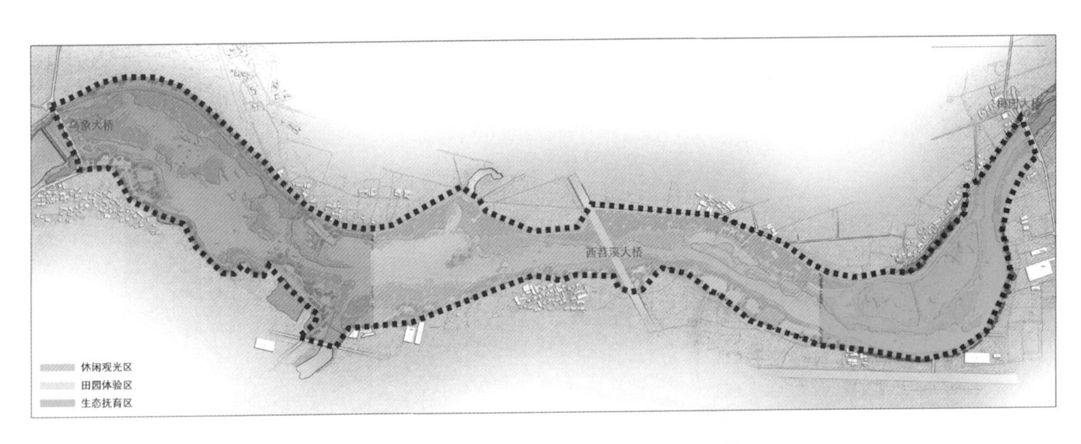

图 2.6－5　安吉乌象坝湿地功能分区图

图 2.6－6　安吉乌象坝湿地工程休闲观光区效果示意图

图 2.6-7　安吉乌象坝湿地工程田园体验区效果示意图

图 2.6-8　安吉乌象坝生态抚育区效果示意图

2.6.4　专项设计

1. 水面形态及地形处理

人工干预最小化原则：在河道现状的基础上，注重自然式湿地面貌，深潭与浅滩的结合（图 2.6－9）。浅滩的坡度适应鱼类的洄游。深潭为鱼类提供洪水期的避洪场所和良好的栖息地。主要对原有堆沙挖沙场地进行平整，达到场地土方平衡，局部区域水系沟通，堤防两岸保持原有低洼地，发挥土地的海绵作用，减少雨水径流。

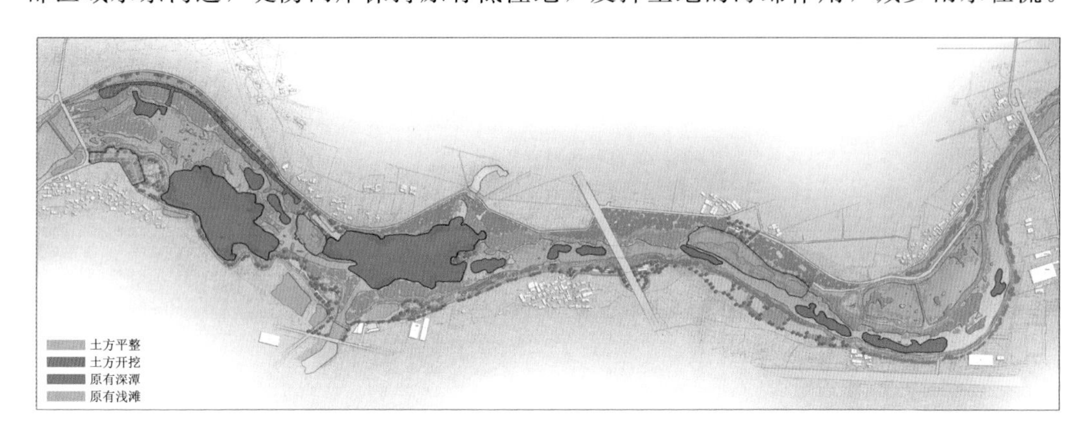

图 2.6－9　工程专项设计——水面及地形处理布置示意图

2. 护岸防冲设计

与洪水为友原则：注重岸线的自然化设计，摒弃整齐划一的断面形式（图 2.6－10）。在保持经多年冲刷已相对稳定的堤岸现状前提下，加强一些必要的防冲固脚措施。做到护岸断面的曲面化（图 2.6－11），加强雨水的滞留与渗透，使海绵城市理念得以深化。

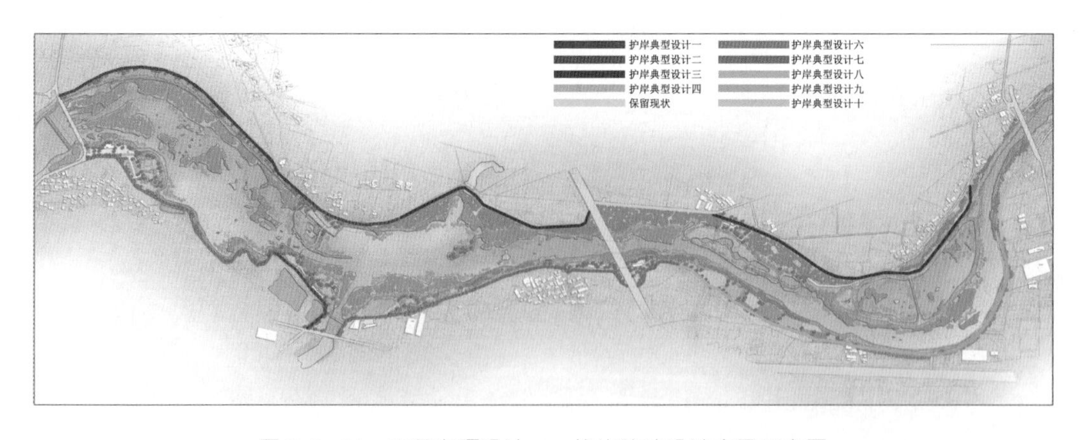

图 2.6－10　工程专项设计——护岸防冲设计布置示意图

3. 植物设计

土地回归生产原则：通过调查本土植物品种，筛选净化能力较强、管理容易、抗

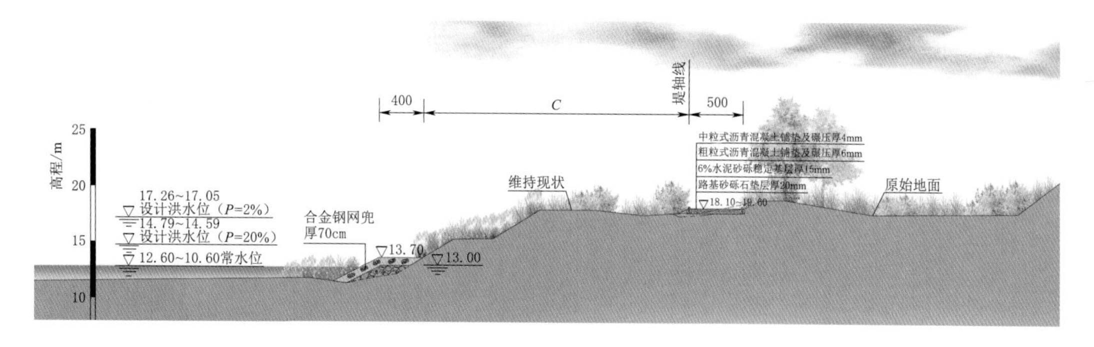

图 2.6－11　工程专项设计——护岸典型断面设计示意图（单位：m）
（注：C 的长度根据实际情况确定）

逆性、防冲性、防淹性能高和美化景观的品种。做到四季有景可赏，经济产出型植物为主。乔木配置区域主要为高滩地主要节点区和堤顶道路两侧；保留植被为高滩地杂木林、苗木林等和菜园。考虑近期引导种植，远期种植景观性较好的果木林和农作物；植被梳理区域的工作主要是对于垃圾和具有侵犯性的物种进行清理；草本配置区分布于人流量较大的堤防两侧和节点区域（图 2.6－12）。

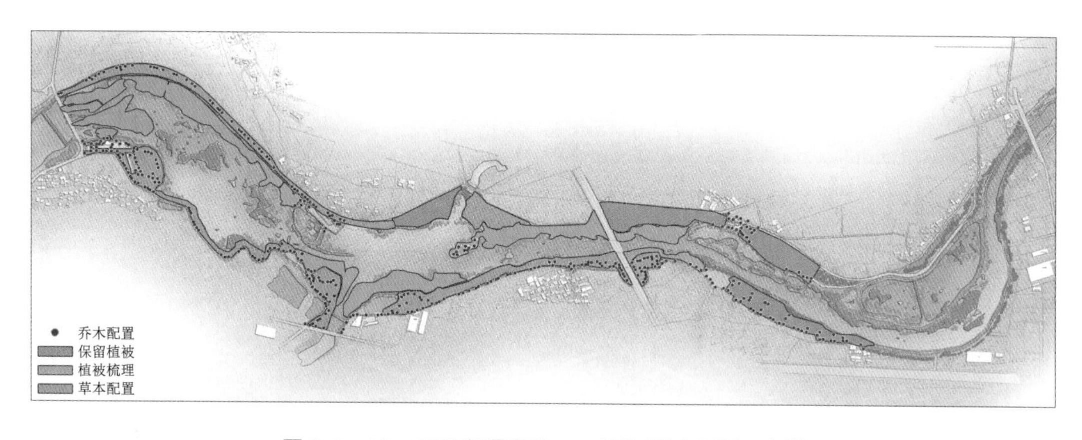

图 2.6－12　工程专项设计——植物设计布局示意图

4. 生态策略

让自然去做功原则：场地内自上而下常年处于活水状态，水流冲击卵石和堰坝的跌水曝气，增加了区域空气氧离子；局部滩地的疏浚增加了水岸边界线，使水体交界面扩大，再加上滩地植物的修复，促进兼性微生物分解来实现对水质的高效净化；两岸缓冲带起伏变化的地形营造，加上驳岸断面复式及曲面化设计滞留雨水，充分体现了海绵城市 LID 技术的断面截流截污和雨水管理功能；两岸植被和农作物种植，禁止使用农药和化学肥料，减少面源污染。注重为鱼类、河道鸟类、两栖小动物等营造栖息地生境。

5. 构筑物设计

在高滩地处设置管理用房构筑物 5 处，功能布置主要为公厕和设备用房等（图

2.6－13)。风格造型以当地自然折线＋乡土材料＋抽象传统为元素(图2.6－14)。

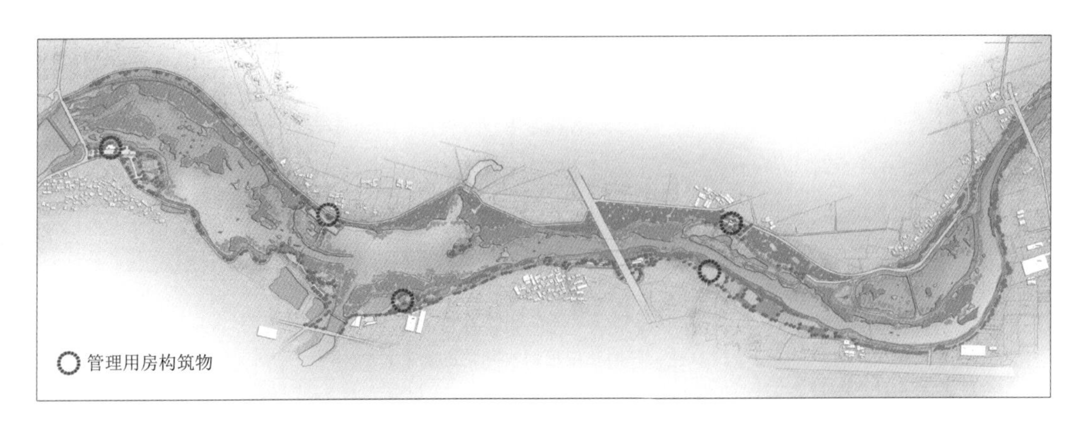

图2.6－13　工程专项设计——构筑物布置示意图

图2.6－14　工程专项设计——构筑物效果示意图

6. 道路及铺装设计

铺装做法讲究透水性和生态性，标高一般都高于两侧绿地，优先考虑更多利用自然力量排水，建设自然积存、自然渗透、自然净化的海绵做法。

大部分园路由于行洪需要和水生动植物的生态链免遭破坏，实现水体互通，故采取栈道形式。铺装材料主要为透水混凝土、竹木板和石板等(图2.6－15)。

7. 人行桥设计

设计灵感来源于原始的竹槽引水的造型。桥墩白色钢结构支架形式，桥身及栏

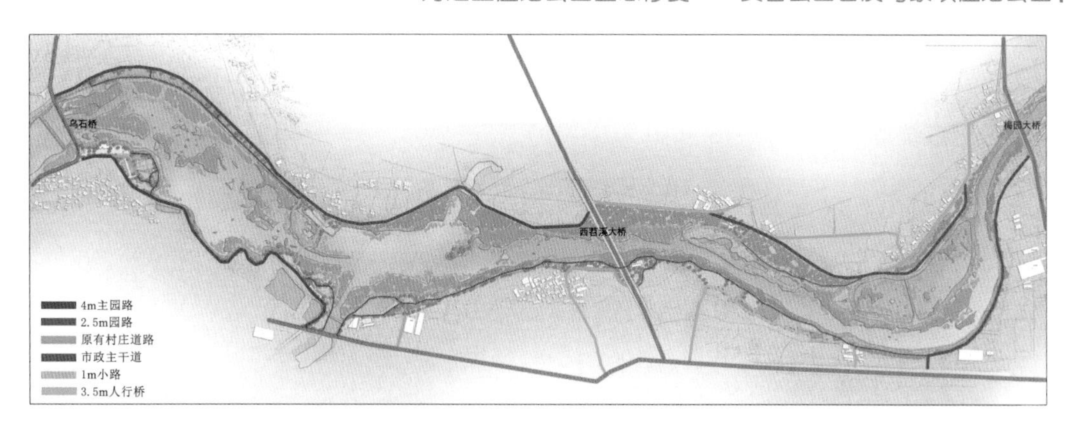

图 2.6-15　工程专项设计——道路及铺装设计布置示意图

杆采用线性设计看起来轻灵通透。外立面采用玻璃钢透光材料，夜景效果显著，颜色为竹子的黄绿渐变色（图 2.6-16 和图 2.6-17）。

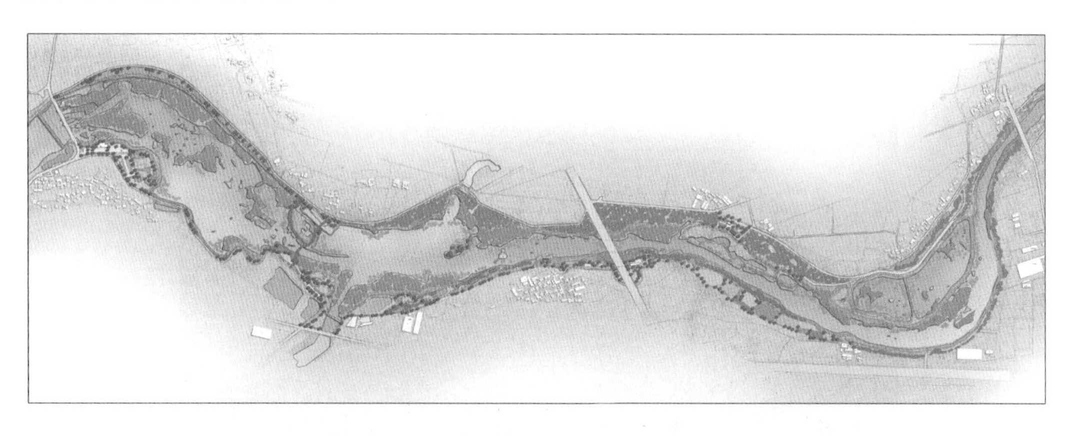

图 2.6-16　工程专项设计——桥梁布局示意图

图 2.6-17　工程专项设计——桥梁设计示意图

8. 配套服务设施设计

配套服务设施设计主要包括停车位、休息设施、垃圾桶、标识系统、警示警戒牌、照明系统等（图 2.6－18 和图 2.6－19）。

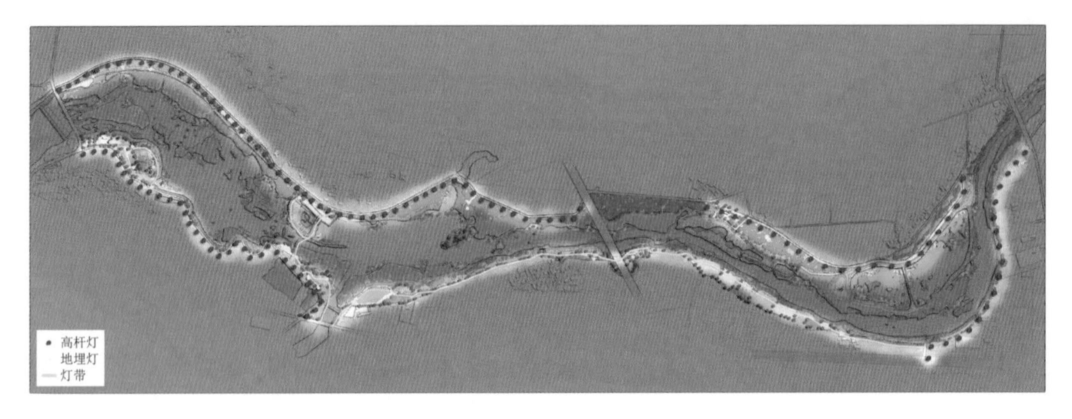

图 2.6－18　工程专项设计——配套服务设施灯具布置示意图

图 2.6－19　工程专项设计——照明设计效果示意图

2.6.5　小结

（1）设计需要兼顾洪水与常水，关注洪水工况，更要关注常水工况。

（2）“少即是多原则”，即尽量减少人为干预，采用自然修复为主，人工引导为辅。

（3）本例大量采用了日本多自然型河流生态工法。

（4）设计中体现本土化与就地取材原则，也可以减少维护成本。

（5）设计要兼顾生态与景观。

2.7　河流滨水空间利用——文成县飞云江治理二期工程

过去，由于过于强调河道的行洪功能，滨水空间的利用成为“敏感区域”。如今，滨水空间特别是城市滨水空间，更强调"共享"，只要符合水利的规律，在满足河道行洪功能的基础上，滨水空间可以成为公共绿色空间。

2.7.1　工程概况

文成县飞云江治理二期工程位于文成县境内（图2.7-1）。工程西起珊溪水库大坝下游，东至赵山渡水库库尾，主要涉及文成县的珊溪镇、巨屿镇和峃口镇。工程共涉及整治飞云江干流河道23.4km，支流5条。主要建设内容为护岸20.03km（其中干流14.92km，支流5.11km），滩地保护、利用与开发节点15处（生态修复面积1242亩[1]），绿道23.2km（其中结合护岸13.3km，新建绿道9.9km）。

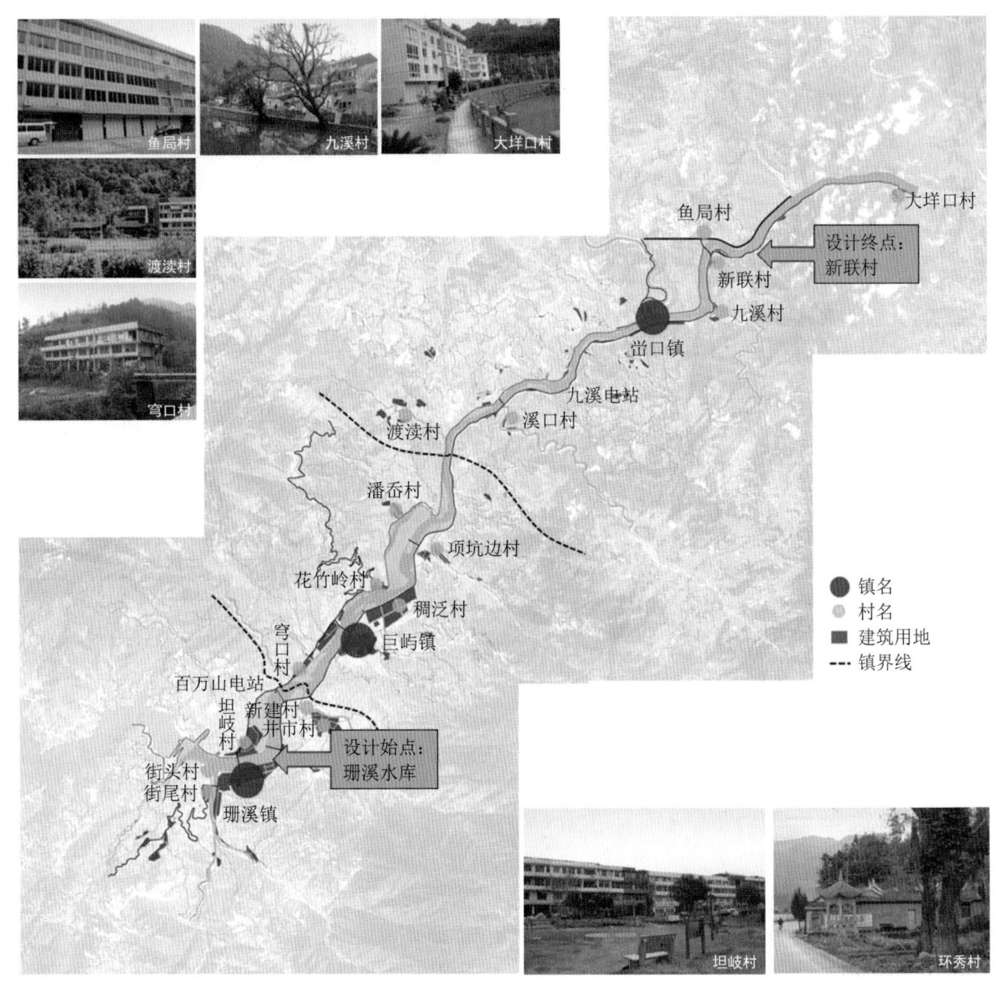

图2.7-1　工程位置示意图

[1] 1亩≈666.67m^2。

2.7.2　现状问题

根据对场地现状的调研及分析（图 2.7-2），存在以下问题。

（1）堤防高程基本达标，但河岸冲刷淘空，防冲问题突出。

（2）滩地植被丰富，但因开垦、挖掘池塘等破坏比较严重。

（3）无序采砂改变了河床自然面貌。

（4）文成县“生态立县”、创建宜游、宜居生态文成的需求迫切。

（5）河岸滩地健身场地、休闲绿道等便民设施建设需求迫切。

（a）现状一

（b）现状二

（c）现状三

（d）现状四

图 2.7-2　工程现状

2.7.3　工程总布局

1. 总体定位

生态优先，以水源保护、科普教育、生态旅游观光为一体的综合性示范区（图 2.7-3）。

2. 治河理念

（1）维持宽窄不一、自然弯曲的河流形态，避免渠化、硬化。

（2）针对冲刷问题：修建防冲护岸、进行堤脚加固、岸坡整治。

（3）针对河床滩林：一是以保护与修复为主，适当进行植被恢复，维持自然面貌；二是以综合利用和适度开发为主，利用现状滩面高程，适当布局一些湿地、健身

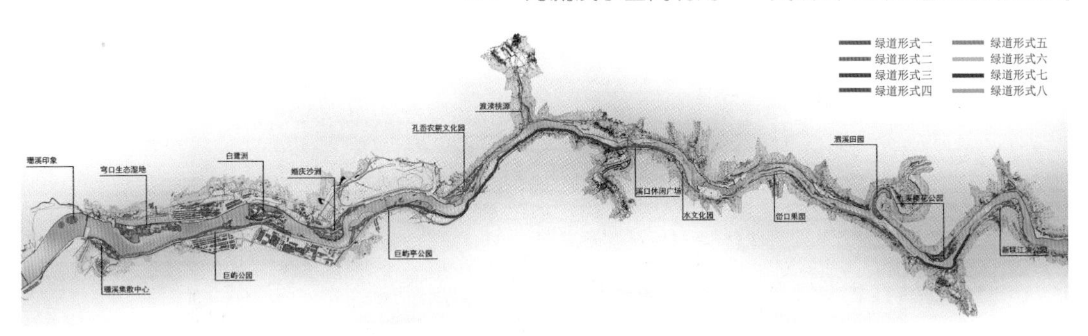

图 2.7－3　工程总体布置示意图

场地、篮球场、停车场等露天便民场地，既能满足居民需求，又不影响行洪。

（4）结合市、县级绿道网规划，修建便民绿道，助力休闲旅游发展。

2.7.4　工程效果

1. 滩地保护、利用与开发

滩地治理 15 块，生态修复面积 1242 亩，其中，保护整治型滩地 11 块，670 亩；综合整治型滩地 4 块，572 亩。从人的安全及需求出发，评估保护与利用的安全区域，结合当地民众需求及飞云江流域的旅游开发建设，突出一滩一景一特色。滩地效果示意图见图 2.7－4～图 2.7－15。

图 2.7－4　滩地 01（弯口湿地）效果示意图

图 2.7－5　滩地 02（巨屿公园）效果示意图

图 2.7-6　滩地 04（婚庆沙洲）效果示意图

图 2.7-7　滩地 05（巨屿亭公园）效果示意图

图 2.7-8　滩地 06（孔岙农耕文化园）效果示意图

图 2.7－9　滩地 07（渡渎桃源）效果示意图

图 2.7－10　滩地 08（水文化园）效果示意图

图 2.7－11　滩地 09（岀口果园）效果示意图

图 2.7-12　滩地 10（泗溪田园）效果示意图

图 2.7-13　滩地 12（新联江滨公园）效果示意图

图 2.7-14　滩地 13（溪口休闲广场）效果示意图

图 2.7-15 滩地 14（珊溪集散中心）效果示意图

2. 绿道工程

绿道工程总长度 23.2km，其中结合护岸设计绿道 13.3km；新建绿道 9.9km，绿道工程布置平面示意图见图 2.7-16。绿道布置主要沿着飞云江右岸，连接珊溪、巨屿、峃口 3 个镇，实现全线的贯通。把 15 块滩地景点进行串联，也缓解目前仅有沿江的双车道道路的行车紧张状况。

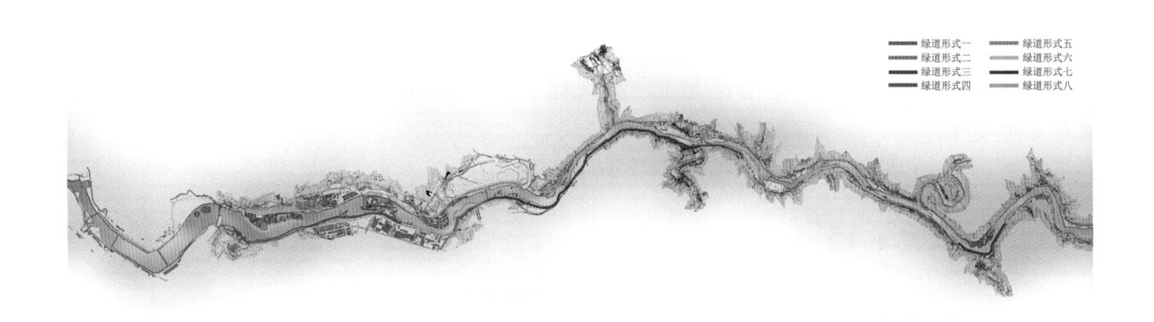

图 2.7-16 绿道工程布置平面示意图

2.7.5 小结

（1）涉水旅游开发要尊重水利规律，要与水利治理相结合。

（2）河道治理要确定可为和不可为边界，特别是确定不可为边界，避免过度开发和治理。

（3）绿道的实施以经济实用和环境影响最小为原则。

（4）滨水空间可以适度开发和利用，但要有底线，要遵循自然法则。

2.8　城市生态堤防——无锡市惠山区钱桥洋溪南岸综合治理

2.8.1　工程概况

无锡市钱桥洋溪河南岸（镇区西段）综合整治工程位于无锡市惠山区钱桥街道（图 2.8-1），是一项以防洪排涝为主，兼顾改善生态环境的城市水利工程。工程主要由堤岸整治工程与滨河绿地生态绿化建设工程两部分组成。

图 2.8-1　工程区位图

堤岸整治工程始于无锡市钱桥洋溪河南岸的洋溪桥，止于孟家桥排涝站以东的金岸里，主要由西段、中段和东段三段组成。岸线长分别为 500m、582m 和 381m，整治总长度 1463m。工程新建护岸 1082m，加固防洪堤岸 381m。滨河绿地生态绿化建设位于整治堤岸后方的区域（图 2.8-2），总面积约 3.5 万 m^2，主要包括滨河慢行系统、水生态修复（凹塘生态湿地）、景观绿化三个部分，以体现新时期生态水利、景观水利的特色。

工程静态总投资 1545.11 万元，其中工程部分总投资为 1235.65 万元。

2.8.2　工程总布局

1. 城市河道中生态景观与水利的融合

如图 2.8-3 所示，在水工断面上进行融合，断面上 U 形板桩、绿滨垫与自然斜坡的相辅相成，形成一个和谐统一的坡面，不仅满足了河道的冲刷、防洪，也不失景观上的美观。堤顶的弧形挡墙坐凳，即满足了景观功能上的需求及美观，也解决了河道部分区块防洪高程不满足的问题。

2. 以水上施工来减少对现状植被的破坏

考虑到现状河道周边植物茂密，乔木较大且生长优良，本次设计对护岸的材料及施工方法进行了比较，最后选择了能水上施工且能较少开挖的 U 形板桩＋绿滨垫的形式，最大限度地减少了对现状场地的破坏，也减少了生态绿化工程上的投资。

图 2.8-2　工程现状图

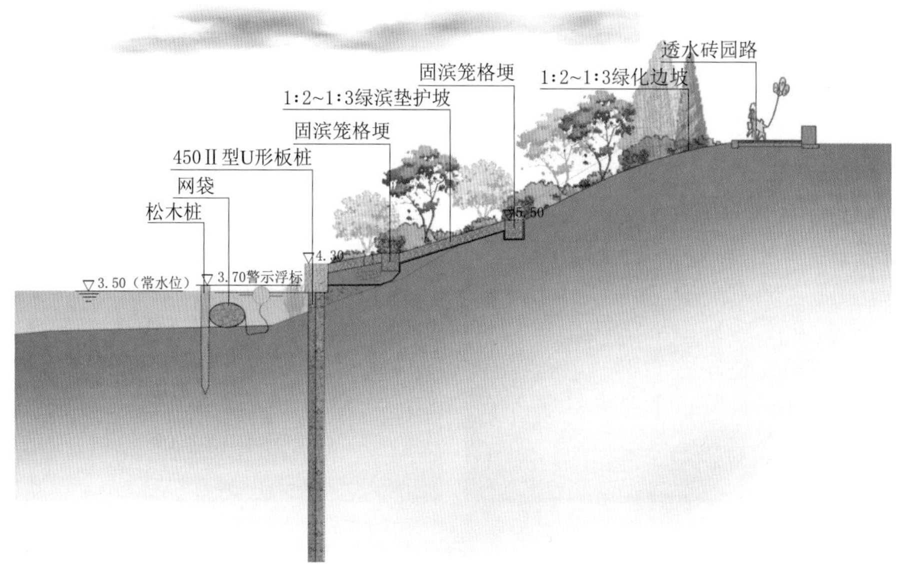

图 2.8-3　堤岸典型断面图

3. 城市水利工程中生态景观绿化工程上的创新

工程的融入性整治、水质修复措施、滨水绿道成为本次城市水利工程的三大亮点（图2.8-4和图2.8-5）。

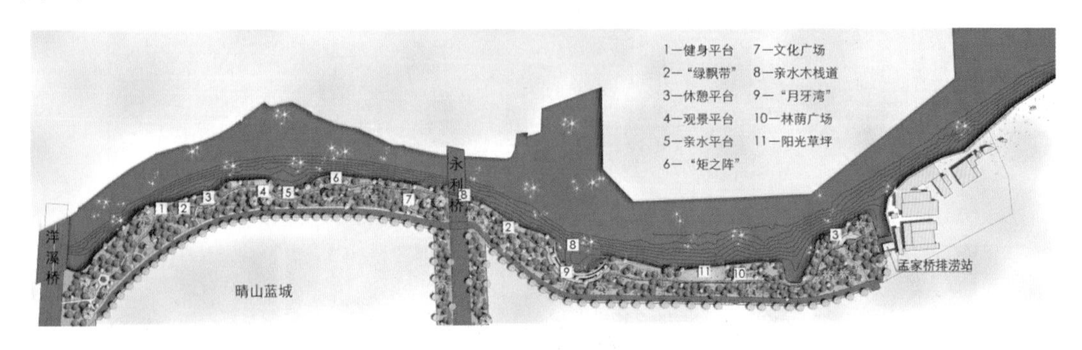

图2.8-4　总平面图

(a) 鸟瞰图一

(b) 鸟瞰图二

图2.8-5　工程鸟瞰图

融入性整治——对现状场地的尊重，保留现状植被及地形，在此基础上进行优化美化。前期因现状植物位置的偏差及缺少，后期设计代表人员根据现场情况对游步道的布置、高程及植物的补种进行详细的指导和调整。

水质修复措施——保留现状凹塘，在凹塘内进行水下森林的设计，通过沉水植物来净化亲水区域的水质，同时也起到示范作用，再结合亲水平台等景观元素，打造滨水生态景观。

滨水绿道——利用滨水河岸构筑方便居民步行、慢跑及休憩的慢行道路，营造幽静、安逸的环境氛围，与水体遥相呼应，满足两岸居民散步、游行等功能的系统。慢行是一种交通方式，有助于鼓励非机动交通，减少环境污染，还有助于居民的身体健康；慢行是一种生活方式，有助于丰富居民的公共生活，从而丰富城乡居民文化生活；慢行是一种感知方式，有助于增加居民对钱桥街道、洋溪河更深层次的体验，感受水乡文化更细腻的美丽。

2.8.3 工程效果

该工程于 2016 年 11 月完工。完工后通过工程效果的前后对比（图 2.8－6 和图 2.8－7），符合整体的设计构思与理念。

(a) 施工前照片一

(b) 施工前照片二

(c) 施工前照片三

(d) 施工前照片四

图 2.8－6 施工前照片

(a) 完工后照片一

(b) 完工后照片二

(c) 完工后照片三

(d) 完工后照片四

图 2.8-7　完工后照片

该工程是一个水利与景观相结合的城市通航河道水利景观工程，既要达到河道通航、防洪排涝的要求，也要满足河道范围内区块的整体城市景观需求。如何合理地结合通航安全、防洪排涝及生态景观绿化是该工程的创新要点。该工程的设计是水工专业与景观专业同步进行，对水利工程、生态景观绿化同时进行设计，相辅相成，在保证水利安全的基础上最大限度地提升生态景观绿化。

2.8.4　小结

(1) 城市堤防适度“隐化”以更好体现环境友好性。

(2) 因地制宜，兼顾防冲与生态是本次堤防设计的关键。

(3) 融入性整治，景观设计的高性价比为本次河道工程的亮点。

2.9　城市河流与慢行系统——海宁市洛塘河综合治理

2.9.1　项目背景

海宁市市域地处长江三角洲杭嘉湖平原。随着社会经济的快速发展，城市发展的脚步加快。人民群众各方面的要求越来越高，对海宁市“母亲河”——洛塘河、市河的整治提升的呼声越来越高。

洛塘河与市河均为海宁市级河道属下河水系，参与构成“六横九纵”主干河网格局，洛塘河连接杭嘉湖南排两大骨干河道（盐官下河、长山河），同时也是海宁市排洪通道。现状洛塘河从海宁大道至塘桥两岸绿道基本建成，洛塘河（绵长港—长山河）及市河的河道疏浚工程也基本完成。

2.9.2 工程概况

洛塘河原名“洛溪”，是海宁市“六横九纵”的主干引排水河道之一，也是连通运河的一条重要航道（六级）。洛塘河西起盐官下河，向东流经长安、周王庙、斜桥、海州、硖石等镇、街道后入长山河，全长 27.3km，总投资 3.8 亿元，静态总投资 1.5 亿元（其中环西二路至嘉海公路段为重点段，全长 1.8km，静态投资 4700 万元）。

该工程整治提升范围为海宁大道至绵长港段：洛塘河（绵长港—长山河）段、市河段，总长 13.26km，项目建设任务是以防洪和景观提升为主，结合改善水环境兼顾协调海宁市城市发展等综合利用。提升整治工程共涉及洛塘河、市河两岸堤防长度 26.52km，其中新建、加固堤防长度 13.97km，其余已有堤防进行局部维修；新建城市绿道面积 35.22 万 m^2（长度 13.75km），贯通城市绿道慢行系统 13km。

2.9.3 现状问题

（1）局部地势低，老护岸冲刷严重，现状防洪能力偏低。洛塘河河道南岸地势较低，洪水期间经常受淹。河道北侧沿河建有硖庆公路，但因护岸坍塌、长期超负载运行等原因，道路有不同程度的沉降，洛塘河长期以来是区域内主要的运输航道，船行波对两岸的冲刷严重，导致老护岸多次坍塌，有些地段甚至整体滑落（图 2.9-1 和图 2.9-2）。

图 2.9-1 洛塘河河道现状图（一）

图 2.9-2 洛塘河河道现状图（二）

（2）河道水质污染严重，生态环境不容乐观。现状河道部分河段沿河护岸坍塌，导致水土流失严重，泥水流入河道，致使河水变得浑浊。现状河道两岸排污口多（多为生活污水），污水直接排入河道，加重了河道水质的污染。同时，河道通航本身也会造成水体污染，再加上近年来运输船只吨位的不断加大、河道河床的不断抬高、上游来水水质差等，在种种因素的共同作用下，河道水质污染日趋严重，河道生态环境实在不容乐观（图2.9-3和图2.9-4）。

图2.9-3 洛塘河河道现状图（三）

图2.9-4 洛塘河河道现状图（四）

（3）堤岸沿线布局杂乱，生态景观功能不足。以往河道治理生态措施少，护砌硬化较多，景观功能不足。设计河道两岸现有建筑布局、类型杂乱无章，硬质护岸高低错落；植被杂乱、类型单一，无法满足四季观赏的要求；亲水设施和景观绿道欠缺，不能满足周围居民生活休闲娱乐的需求；驳岸缺乏统一性和协调性，与周边历史环境、生态环境及人文环境不相协调，与生态城市建设的需求相悖（图2.9-5）。

（4）沿线路网断续，缺乏系统型布局。河道沿线支浜、断头河众多，横跨的桥梁阻碍着滨水慢行系统的贯通，同时周边农田、住宅侵占河道管理范围的问题比较严重。整体生态绿廊系统缺乏完整性（图2.9-6）。

图2.9-5 洛塘河河道现状图（五）

图2.9-6 洛塘河河道现状图（六）

2.9.4 工程总布局

1. 整治理念

（1）河道综合整治首先满足区域防洪排涝要求。

（2）将河道综合整治工程作为已建洛塘河生态滨河公园的延伸并与之相匹配；贯通各支浜间的断头路，建成两岸环通的绿道，并作为城市建设的一部分，融入城市发展，提升城市品位。

（3）将海宁悠久的历史文化融入工程建设中，形成海宁文化的浓缩。特别是对具有历史保留价值的现北岸公路、桥梁、建筑、护岸等以及原生态较好的植物进行保护和保存。

（4）让洛塘河滨水绿地生态公园成为海宁市民的休闲、健康运动的场所。

总体效果见图2.9-7。

图2.9-7 总体鸟瞰图

2. 整治原则

（1）区域河道建设必须与防洪减灾相结合。

（2）充分结合区域现状河道网络，构筑生态廊道，组织滨河绿地，打造宜人绿化景观。

（3）合理安排公园绿地，通过点、线、面绿地组织，形成较为稳定的生态绿网框架。

（4）体现以人为本原则，保持人与自然之间和谐发展。

3. 整治目标

海宁中心城区水网发达、历史文化底蕴深厚，规划通过中心城区生态绿道的建设来完善，打造水绿交融、水文辉映、市民共享的城市景观新面貌，实现“城在水中、城在绿中、城在文中”城市建设的总体目标。

（1）优美的生态环境在洛塘河。以慢性系统为串联，将洛塘河沿线打造成一座以“生态化”“自然化”景观为主的都市滨水公园。

（2）微缩的历史文化在洛塘河。对沿河两侧具有历史价值的公路、护岸、桥梁、建筑、河埠等进行保留、修复，同时将海宁潮文化、灯彩文化和名人文化再次融入本次绿地景观设计，并新增近期被发掘的新文化（如海宁皮影戏文化等），寓意文化的延续，突出海宁地方特色。

（3）理想的运动休闲在洛塘河。在河道与沿线绿地中布置运动、休闲场所，布局畅通的绿道网，让洛塘河滨水绿地公园成为海宁市民的日常休闲、健康运动的理想场所。

洛塘河两岸的滨水景观设计首先基于其功能定位，为海宁市民所用，为海宁游客所用，我们立足于洛塘河自然资源的保护，坚持可持续发展及生态设计原理，进行一系列的措施：如河道污染整治、清理占据滨水绿化空间的建筑物、河道驳岸的亲水性设计、增强市民水边活动的情趣等。综合运用生态学、景观学基本理论，科学处理保护与发展的关系，通过合理的构思和科学合理的布局，努力创造生态系统稳定、景观特色鲜明、人与自然和谐共处的城市滨河景观，提高城区品质，重塑城市客厅，打造一幅“清水、近水、亲水、游水、乐水”的江南水景画的绿道长廊。

以植物造景为基础，物种多样为先导，服务市民为主旨的城市绿道，打造可达、可赏、可游的“洛塘河风情”形象。

4. 建设内容

在具体的护岸工程设计实施过程中，根据河道现状防洪排涝能力分析，整体河道平面岸线以维持现状为主，宜宽则宽，宜弯则弯，尽可能地保证原生态模式，在重要的规划景观节点采取拓宽水面，设置亲水平台、戏水区等。护岸形式结合现状（图 2.9－8），主要采用水下隐性护岸，生态自然土坡入水形式，点缀景观置石，达到风景如画的流畅岸线。

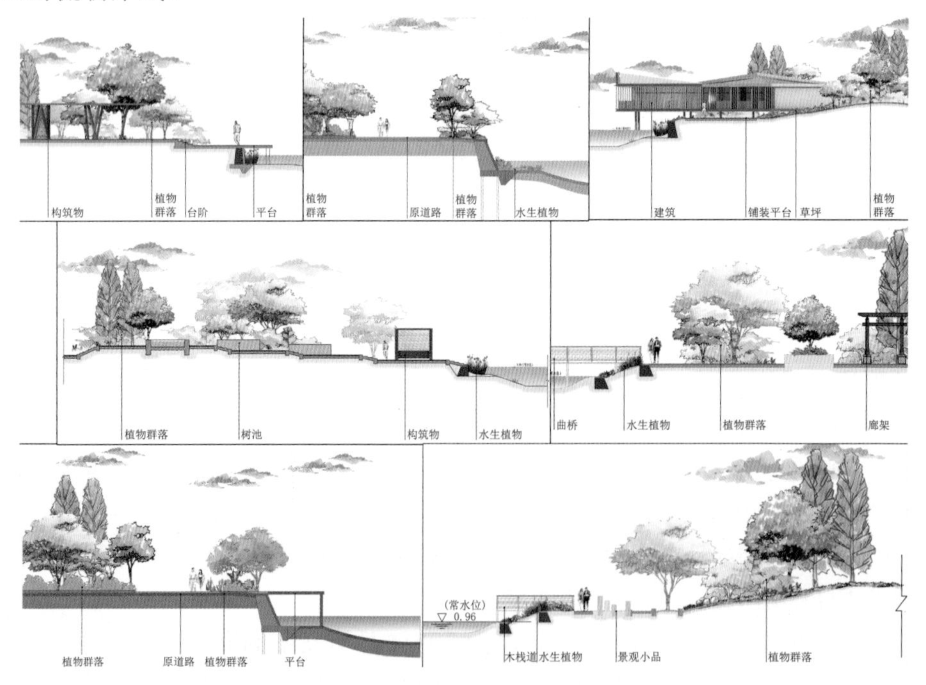

图 2.9－8　护岸做法断面图

设计中融入水土保持措施。河道北岸较好的护岸可直接利用，采取后侧土坡种植迎春花等覆盖性植物方式美化护岸，在破损需加固利用处，采取生态加固方式，护岸外侧采用生态混凝土加固，其间种植亲水性植物，保留原生态树木。南岸需重建水土保持措施，由于远期洛塘河改道段实施后本次整治段将不再通航，因此近期重建以亲水性工程措施为主，远期重建以生态式植物措施为主。

由于生活水平的不断提高，人们对生活方式及环境的要求越来越高。该工程的实施力求在优美自然的景观环境中，为居民提供进行各项适应时代要求的文化、游憩、娱乐运动场所，体现人与自然之间的和谐关系。沿河绿地平面布局采用“带”“点”结合方式，在沿河统一建设“带”状绿地公园的同时，在沙泾港、环西二路、张店集镇等地段扩大建设不同类型、不同用途、不同主题的公园，形成景观节点，着重体现生态、文化、休闲等方面的建设。

滨河绿地“文化”建设中，地域文化是景观设计的灵魂。在突出现代、大气的基础上，将海宁的潮文化、灯彩文化和名人文化再次融入本次洛塘河整治段的绿地景观设计中，用一条无形的文化之线将洛塘河景观东西串联，寓意文化的延续，同时新增近期被发掘的新文化（如海宁皮影戏文化等），突出海宁地方特色，营造闲情雅致的滨水休闲文化氛围。使滨水景观既具有深厚的传统文化底蕴，又不失当代海宁蓬勃发展的时尚活力。同时架设形式多样、造型新颖的桥梁贯通两岸各个支浜、断头河的路网系统，自行车道、步行道贯穿其中。

最终体现“生态”“文化”“休闲”的理念与目标，在贯穿“生态性”“自然性”两大原则的同时，多方位、多角度地展现海宁本土文化。重塑河道原有生态活力，营造闲情雅致、健康轻松的滨水休闲运动环境。工程景观效果见图2.9－9～图2.9－14。

图2.9－9　效果图（一）

图 2.9－10　效果图（二）

图 2.9－11　效果图（三）

图 2.9－12　效果图（四）

图 2.9－13　效果图（五）

图 2.9－14　效果图（六）

2.9.5 工程效果

该河道综合治理工程位于中心城区的规划新区，工程任务以防洪和景观提升为主，兼顾水环境治理。该工程是生态防洪工程，在传统水利工程措施的基础上，采用现代生态技术。在防洪设施布置上，尽量维持河道自然岸线，避免河道渠化，在保证防洪标准的前提下考虑到与周围的环境及生态景观相协调。城市绿地建设为人们提供游览、娱乐、休息和体育活动的良好场所，丰富生活。景观提升工程促进环境的美化、绿化，使人们重视文物古迹的修复和重建，改变了城市文化面貌。工程建成后，将对海宁市洛塘河生态系统具有修复作用，同时也提升了周边地块价值。

通过工程建设，海宁将会有一个“洛塘河景区”，使得绿道贯穿市中心。该工程先后被评为2015年浙江省水利生态治理示范河道、2015年海宁市“十大民生工程”。

项目建成实景见图2.9-15和图2.9-16。

图2.9-15 实景图（一）

2.9.6 小结

（1）城市河道治理的过程中，在基本满足了“水安全”的基础上，“美丽”“舒适”则成了河流治理的关键词，随着生活品质的提高，对环境建设的要求也在逐步的提升。

（2）城市中心地块尤为珍贵、稀有，如何把自然化和现代化融为一体，利用有限的滨水空间，同时还要挖掘当地文化特色，彰显地域独特性，为市民创造出无限的

图 2.9-16　实景图（二）

活力空间将是城市河流治理的重要主题。

（3）城市中心河流回归服务城市，贯通的滨水慢行系统是人们品味城市文化的纽带，增加了人与河流的互动，恢复和改善了人与河流的关系。

（4）希望通过不断努力，实现将河道从传统水利功能向引排、生态、休闲、景观等综合功能转变，摸索出平原河道治理的新思路。希望通过本案例能为其他类似工程的设计、建设提供帮助。

2.10　海塘综合提升——三门县蛇蟠岛海塘综合提升工程

2.10.1　工程概况

蛇蟠岛位于宁波市与台州市的交界。蛇蟠岛环岛长度约 18km，总面积约为 23.5km^2，为台州市第一大岛，素有千洞岛之美称。中国规模最大的海岛洞窟景区。

设计范围：17.185km 海塘区域，包括蛇蟠三期段 11.0km、蛇蟠四期段 1.0km、印山塘段 1.085km、红岩外塘段 3.08km、大麦塘段 0.57km 及码头段 0.45km（图 2.10-1）。

2.10.2　现状问题

通过对项目场地现场的调研分析（图 2.10-2），现存在以下问题。

（1）海塘——塘顶沉降（防潮标准不够）、塘面结构损坏（塘顶、内外护坡结构变形、断裂等）、防渗土体结构完整性及顶高程不足、结构形式及功能单一等。

（2）水闸构筑物——缺乏特色，与旅游环境不符。

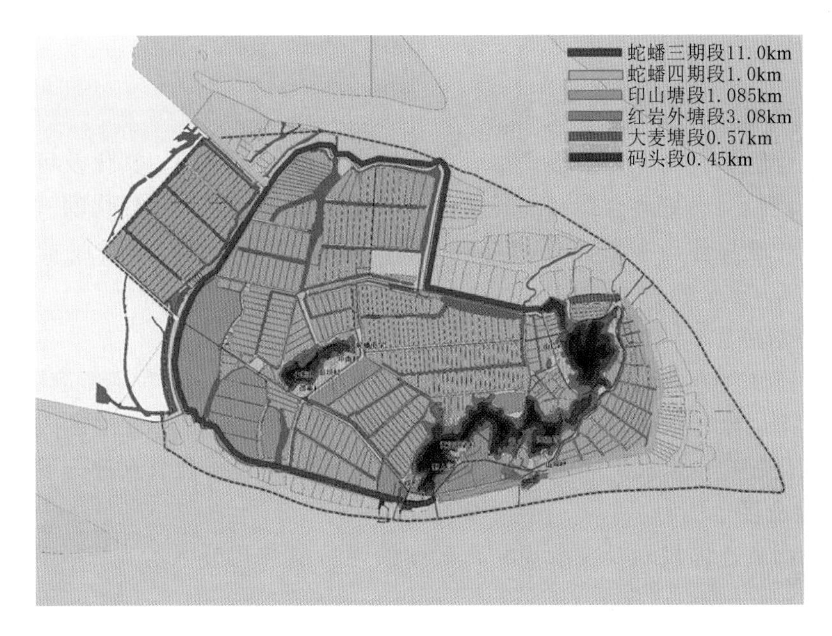

图 2.10-1　海塘位置示意图

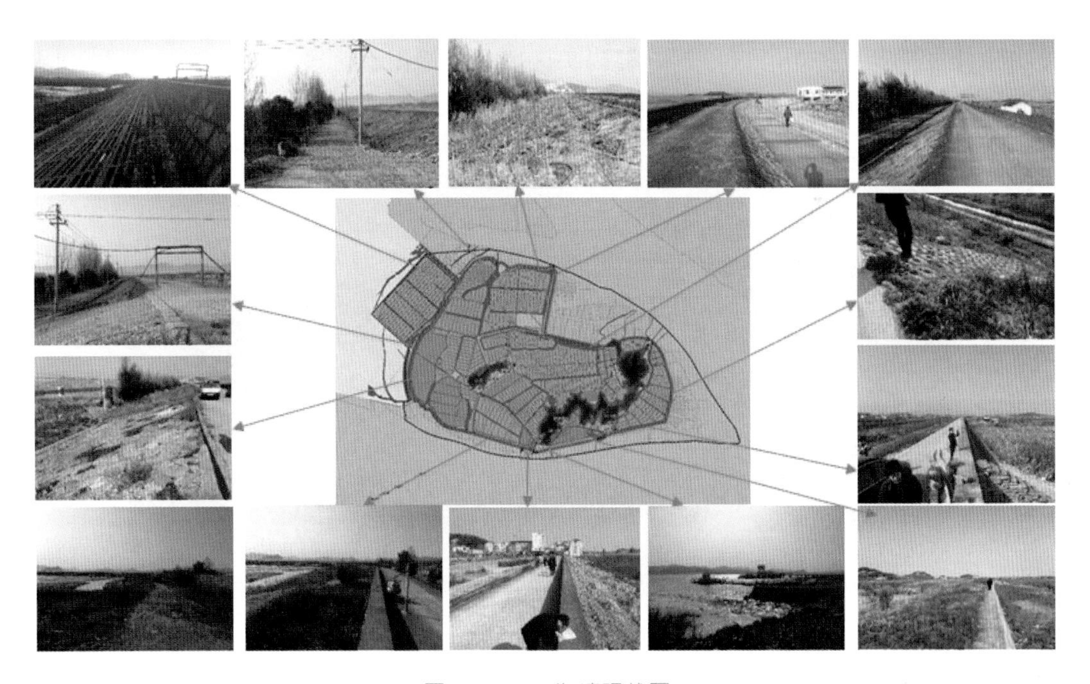

图 2.10-2　海塘现状图

(3) 道路交通——环岛道路多为断头路，人车混流。

(4) 挡浪墙——简陋，特色及观赏性较差。

(5) 植物特色不明显——现状植物品种单一，覆盖率较低，无序生长。

(6) 配套设施不完善——除景点外其他区域配套设施布置很少且缺乏特色。

2.10.3　工程总布局

1. 总体定位

以满足工程综合功能为前提，综合考虑防潮、交通、旅游、文化及可持续发展等因素，开创性地提出更适合蛇蟠岛经济发展及旅游需求，建设多样化的“弹性”海塘岸线。实现蛇蟠岛环岛海塘面貌的有机更新，全面打造水利海岸新风景，有利推进蛇蟠岛升级为“5A 级景区”。

2. 总体思路

（1）功能整合：实现海塘的防潮、交通、旅游等多功能目标，完善配套服务设施。

（2）生态契合：注重“南景观，北保安”的规划格局，保护性生态改造。

（3）文化复合：以海、石及佛教文化元素，总结升华结合节点进行设计。

3. 功能分区

结合蛇蟠岛总体规划及旅游规划，海塘景观功能结构分区为：“一环-三片-六区段”，见图 2.10－3。

“一环”：环岛海塘景观环。

“三片”：旅游主导发展片、水产旅游协同发展片、种植旅游协同发展片。

“六区段”：服务中心区段、蛇蟠码头区段、蛇蟠阳台区段、蛇蟠印象区段、水产旅游区段、种植旅游区段。

图 2.10－3　功能分区示意图

2.10.4　工程效果

1. 海塘工程

海塘工程总长度 17.185km，包括服务中心区段 1.6km、蛇蟠码头区段 0.45km、蛇蟠阳台（印山塘）区段 1.085km、蛇蟠印象（红岩外塘＋大麦塘）区段 3.65km、水产旅游区段 7.4km、种植旅游区段 3.0km（图 2.10－4）。工程总体效果见图 2.10－

5～图 2.10－12。

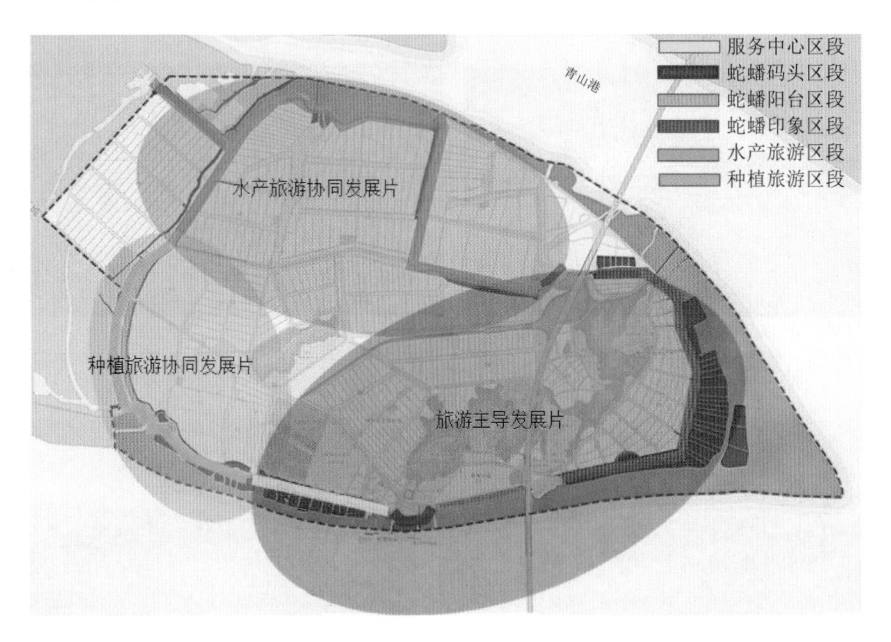

图 2.10－4　工程总体布置图

图 2.10－5　服务中心区段海塘效果示意图（一）

图 2.10－6　服务中心区段海塘效果示意图（二）

图 2.10－7　蛇蟠码头区段改造效果示意图

图 2.10－8　蛇蟠阳台区段效果示意图

图 2.10－9　蛇蟠印象区段效果示意图

图 2.10－10　水产旅游区段效果示意图（一）

图 2.10－11　水产旅游区段效果示意图（二）

图 2.10－12　种植旅游区段效果示意图

2. 水闸改造

蛇蟠岛环海塘全线有14座水闸（图 2.10－13）。每一座建筑物打造成新的景点，须结合海塘改造、驿站设置及管理用房进行整体设计，工程效果见图 2.10－14 和图 2.10－15。

图 2.10－13　水闸布置示意图

图 2.10－14　清水港闸改造效果示意图

3. 交通及入口标志工程

绿道（堤顶道路）约 18km，宽度为 4.5m、机动车道（内侧堤脚道路）约

17.5km，宽度为 7m（图 2.10－16）。蛇宁线入口设置标志物（图 2.10－17）。

图 2.10－15 上岩头闸改造效果示意图

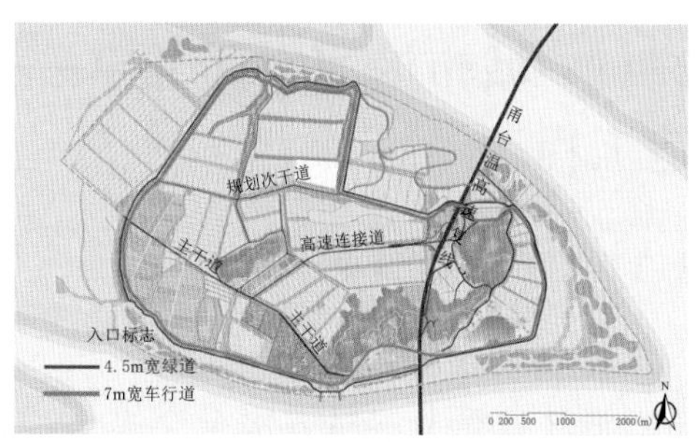

图 2.10－16 交通道路布置示意图

图 2.10－17 蛇宁入口构筑物效果示意图

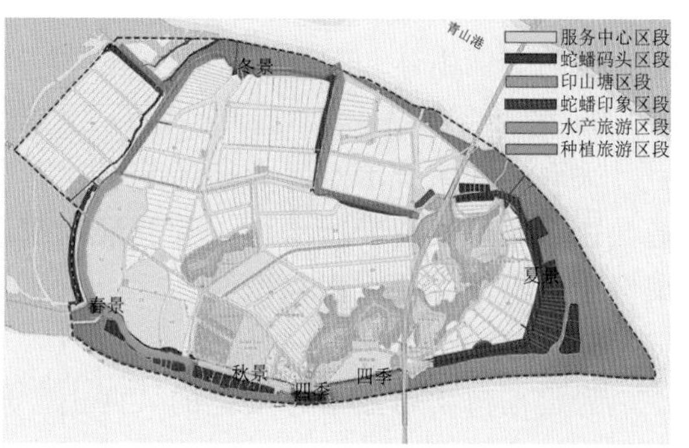

图 2.10－18 植物配置分区示意图

4. 植物修复工程

滩涂整理约 40 万 m^2、植物配置约 15.8 万 m^2，植物配置分区见图 2.10－18。确保堤岸的安全性、生态性和多样性；塑造疏密有致、节奏感强的堤岸景观；达到四季有花、四季有景的景观效果。植被选取原则：耐盐碱、抗风吹、具观赏性、少管理。

5. 配套服务设施工程

配套服务设施工程包括电气系统照明和音响、驿站、停车场、标志系统、垃圾桶、休息设施及文化小品等，驿站与停车场示意图见图 2.10－19。

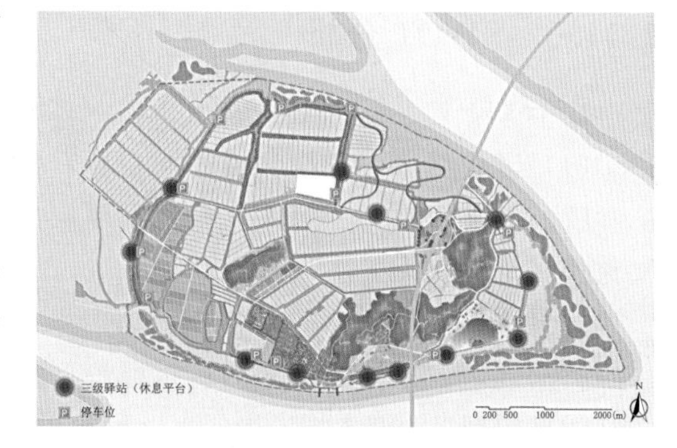

图 2.10－19 驿站与停车场示意图

2.10.5 小结

（1）传统海塘给人的印象是“硬”，将大海与陆地“隔离”，同时功能也较为单一。本次海塘提升设计思路是淡化隔离，强调“融入”。

（2）感潮、软土、咸水、用海审批，这些都给设计带来限制和难度，还需要在实施过程中不断探索和持续改进。

2.11　城市滨河空间共享——三门县海游大坝及小坑段综合改造工程

2.11.1　项目背景

1. 两美浙江

浙江省委十三届五次全会提出“建设美丽浙江、创造美好生活”的战略部署。“两美”浙江要坚持生态省建设方略，把生态文明建设融入经济建设、政治建设、文化建设、社会建设各个方面和全过程，形成人口、资源、环境协调和可持续发展的空间格局、产业结构、生产方式、生活方式，建设富饶秀美、和谐安康、人文昌盛、宜业宜居的美丽浙江。

2. 水上台州

采取“大系统治水、大循环治水、大项目治水、大民资治水”四轮驱动战略，构造快速水路、建造慢行水岸、营造景观水体、打造活力水城的“水上台州”，实现河湖健康、水清岸绿、幸福乐居。

3. 六美三门

为贯彻落实习近平总书记的“两山”理论和省委“两美”战略，根据县委、县政府提出的建设“六美三门”要求，建设“美丽县城、美丽城镇、美丽乡村、美丽通道、美丽庭院、美丽海滨”。

2.11.2　工程概况

海游大坝位于三门湾海游港上游（图 2.11－1），保护三门县城，堤坝总长 7800m，环绕三门县城西、城北、城东三面，沿珠游溪和亭旁溪形成闭合区。大坝沿珠游溪堤坝呈东西走向，长 5100m，西起西山头，东至海游闸；沿亭旁溪堤坝呈南北走向，长 2700m，南至石岩村，北终海游闸。

2.11.3　SWOT 分析

1. 优势

（1）区位优势：三门县城中心位置，易于打造标志性地标性景观。

（2）人文资源：三门人文底蕴深厚、文化资源丰富。红色文化、青蟹文化、海洋文化熠熠生辉。

2. 劣势

（1）建筑：地块周边多为待拆棚户区，景观风貌差。

（2）堤坝：海游大坝堤岸僵直，形式单一，景观效果差。大坝局部坝段仍存在塘顶路面开裂、背坡塌陷、护塘地被侵占及因交通需要堤身局部不闭合，有较大安全隐患。

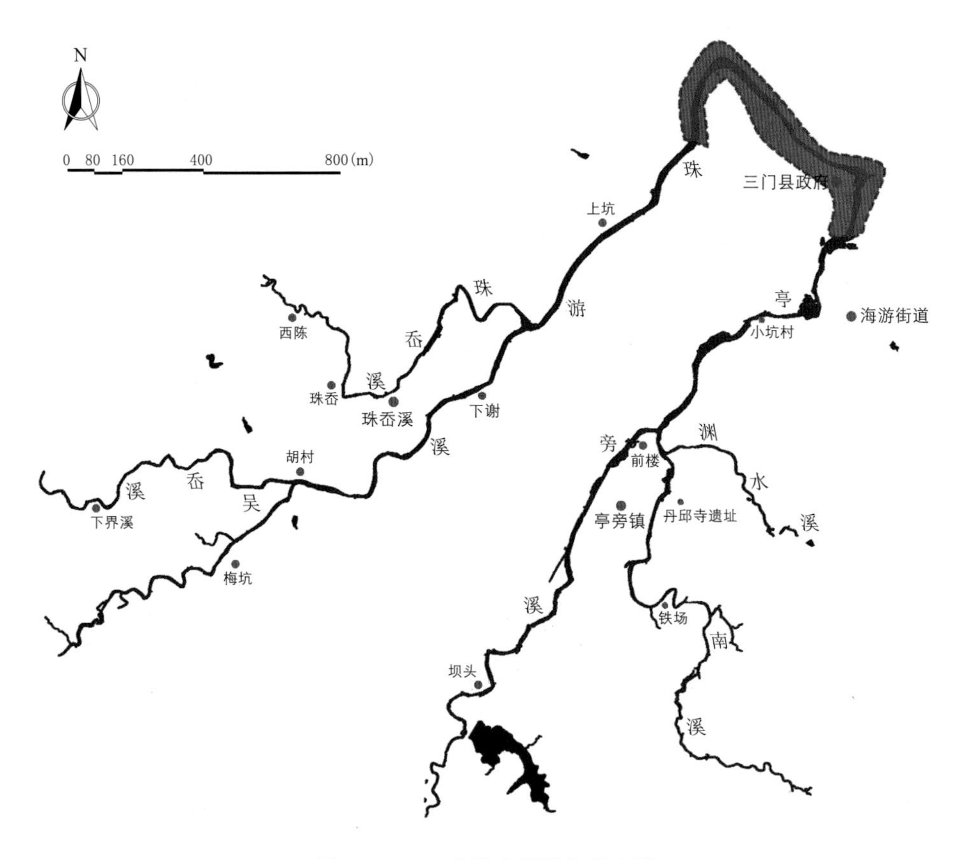

图 2.11-1　龙游大坝区位示意图

（注：珠游溪 27.8km，亭旁溪 28.1km，珠岙溪 12.36km，吴岙溪 7.71km）

（3）土地：中心城区用地紧缺，给设计带来了一定难度。

3. 机会

（1）政策利好：三门县“六美三门”建设及“全域旅游”的提出为项目建设提供了大力的政策支持。

（2）大坝加固：借海游大坝加固的时机，顺势进行景观提升，最大程度地提高项目的效益与效率。

4. 威胁

（1）水安全与水景观的平衡：如何在实现海游大坝堤身得以加固、满足城市防洪的基础上，巧妙利用僵直的岸线，化劣势为优势，进行现代城市景观打造。

（2）城市交通：如何重新组织城市交通，将更新的城市景观对城市交通的影响降至最低，实现景观效应（激发城市活动、带动周边地块商业价值）的最大化。

2.11.4　工程总布局

1. 设计理念

三门有着丰富的历史积淀与传承：丹邱讲寺、浙江红旗第一飘、碧水山林的生态环境、招牌海鲜三门青蟹，海滨城市的活力、礁岩与滩地一齐赋予三门独特的文化特质与色系。这些颜色自然而然汇聚在一起，形成了一道跨越山水的七色彩虹。彩虹中七种颜色分别代表三门七色：①绿——碧水山林　生态城市；②黄——宗教文化　多宝讲寺；③红——红色文化　亭旁起义；④青——青蟹美食　饮食文化；⑤褐——海岛礁岩　海滨城市；⑥金——阳光溪滩　休闲旅游；⑦橙——三门活力　都市生活。

2. 设计目标

该工程致力于打造一个可以属于现代三门的、具有城市色彩的、充满激情与活力的、具有三门文化特色的、充满“智慧”和“生命”的都市滨水“彩虹湾”。

3. 设计方案

利用本来的堤顶道路地理优势，打造一个上层空间作为步行广场，下层空间为机动车隧道的，多种功能结合而成智慧型的“三门 LOFT”，又将是三门一道靓丽的风景线。原有三门城市防洪堤断面形式单一，虽然具备防洪功能但缺少城市滨水景观观赏性，在原有基础上利用地势优势，融入彩虹曲线的理念，将重点区段的防洪墙进行改造，成为城市地标，提高了三门的城市观赏品质。汲取三门多种特色文化，将文化演绎成大自然中色彩丰富的彩虹，并在场地中形成多种功能空间：滨滩公园（图 2.11－2）、音乐喷泉、阳光石滩、曲线台地、儿童娱乐、彩虹曲堤（图 2.11－3）、彩虹隧道（图 2.11－4）等区域，丰富了场地景观结构的同时也提升了景观品质。将多种功能结合成智慧型的三门“彩虹湾”，成为三门新时代的门户景观。

图 2.11－2　滨滩公园效果图

图 2.11-3 彩虹曲堤效果图

图 2.11-4 彩虹隧道效果图

2.11.5 小结

（1）城市河流滨水空间除了行洪，还应赋予其他内容，即“共享”思维。

（2）城市滨水空间也是“黄金”空间，新的开发建设模式可以改变公益性支出只靠财政支出的状况。

（3）防洪功能的实现除了建堤，还有其他方式。

第3章
湖泊综合治理工程实例

3.1 城市湖泊规划与POD开发模式——义乌市双江湖核心湖区概念规划

通过POD（Park Oriented Development）模式以城市公园等生态设施为导向，以“金镶玉”的发展理念，把景观作为“金”，将景观周边的开发和利用作为“玉”，通过“赋金于玉”，即景观资源化，达到“金玉成碧”，即无形资产有形化，实现生态效益、社会效益、经济效益的三效合一。

3.1.1 项目背景

1. 城市发展

随着城市化进程，义乌城市向两翼发展，双江湖将是未来城市“第二心”。义乌市将由“绣湖时代”逐步迈向“双江湖时代”。

2. 产业转型

义乌社会经济发展正在转型，以小商品为主的低附加值产业将逐步转型到规模化、绿色、高附加值产业。双江湖及周边城区的开发，将有效带动绿色经济和第三产业发展。

3. 生态文明建设

义乌市正在大力倡导生态文明建设，“生态”将是未来一段时期社会发展的关键词。以生态公园引导城市发展将是义乌未来城市发展的新模式。

4. 水环境提升

近年随着“五水共治”的大力推进，义乌江水水质大为改善，这为双江湖的建设提供了有利条件。

3.1.2 规划工作思路

1. POD模式

以生态公园为导向（POD）的城市开发模式，即双江湖建设按核心湖区以及周边地块开发两部分推进。核心湖区按水利主体项目和配套提升项目两个项目推进前期工作。核心湖区的投资主要由周边地块开发转让费用平衡。

2. 湖区规划

先启动核心湖区景观概念规划，以利于在义乌市层面推进意见统一，同步推进周边城市规划（图 3.1－1）。

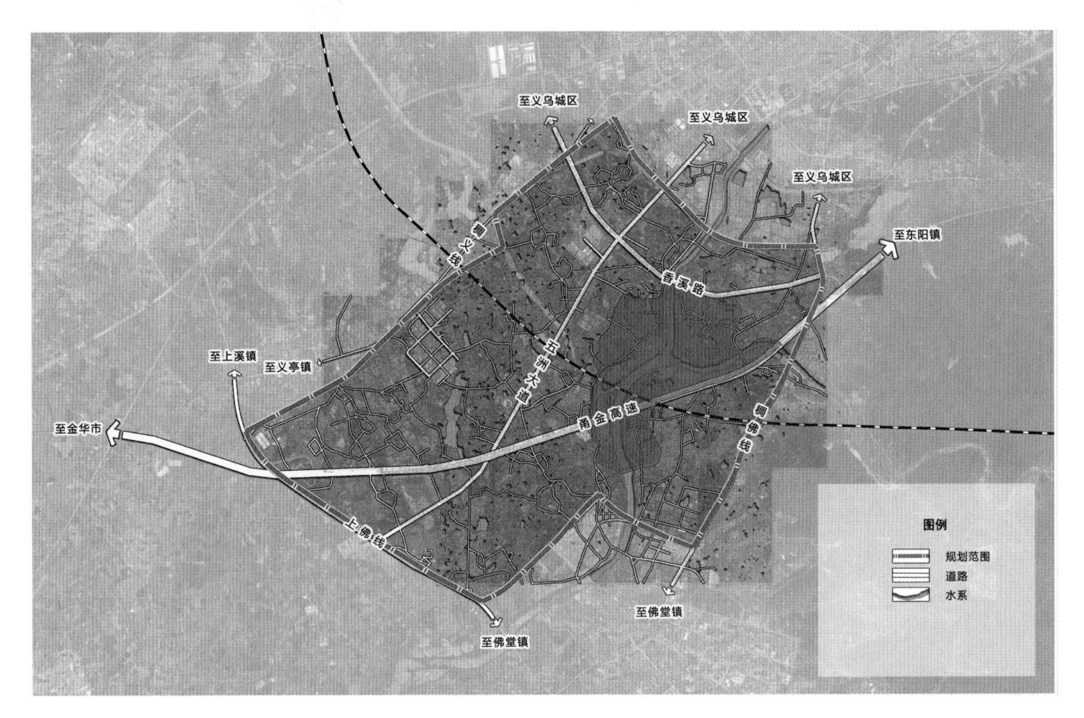

图 3.1－1　规划范围示意图

3.1.3　总体规划

1. 总体定位

城市湖泊，以双江湖为基础建设生态公园，以生态公园为引导，进行义乌城区南片开发，并带动旅游和产业转型（图 3.1－2）。

2. 工程任务

以供水、防洪为主，结合城市发展和改善生态环境，兼顾灌溉、航运、发电等综合利用。

3. 规划理念

（1）一个主体形态：城市群、都市群、市域网络化都市。

（2）两轮驱动发展：城市发展方式转变，推动经济发展方式。

（3）坚持三效合一：生态效益＋社会效益＋经济效益。

（4）统筹四大难题：人从哪里来和去，地从哪里来，钱从哪里来，手续怎么办。

（5）做到五规合一：空间规划、经济社会发展规划、土地利用规划、基础设施建设规划和环境保护规划。

（6）实施六带结合：以双江湖工程的实施，带整治、带保护、带改造、带建设、

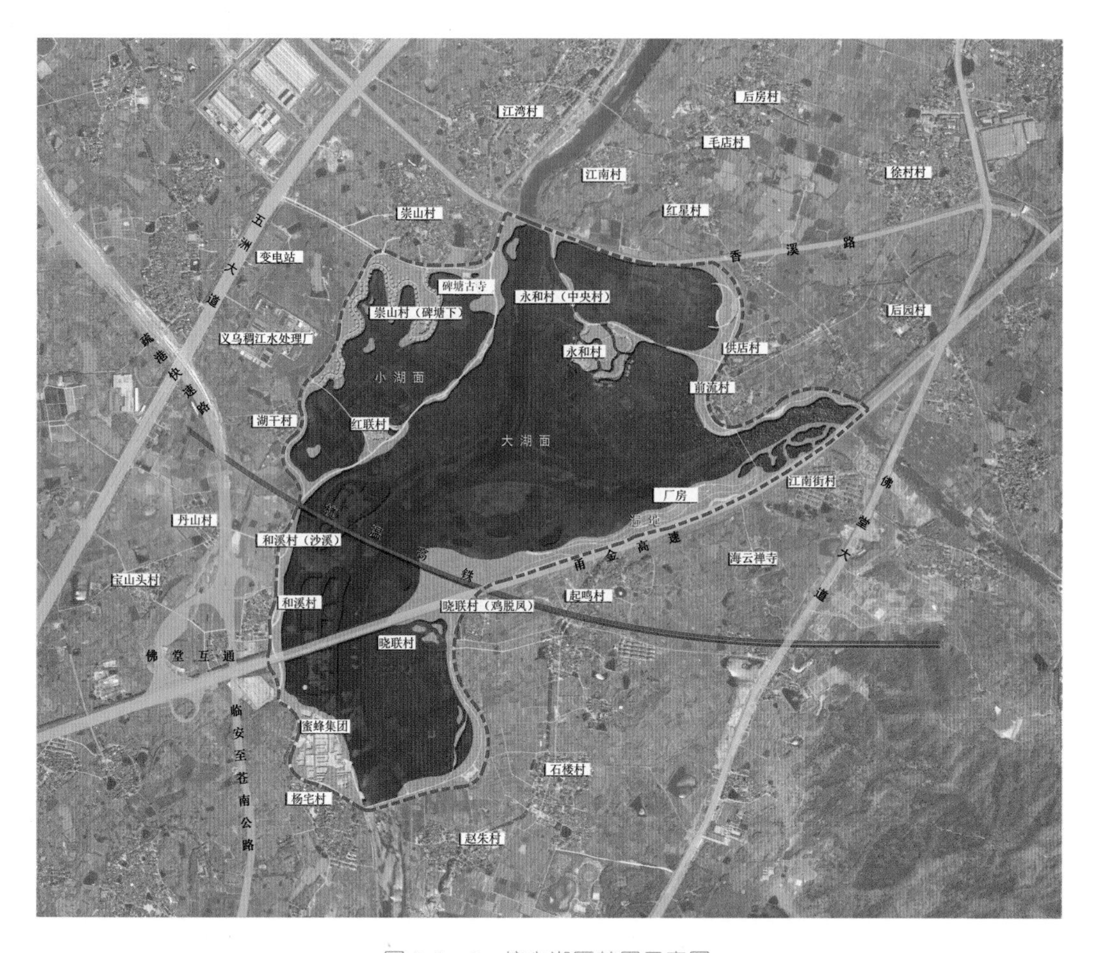

图 3.1-2 核心湖区范围示意图

带开发、带管理。

3.1.4 湖周城市规划

1. 总体规划

以生态公园引导城市发展将是义乌未来城市发展的新模式。义乌旅游资源相对分散（目前大型的旅游资源北面有国际商贸城、城北观光区；南面有双林风景旅游区、佛堂古镇；东西两侧分别是黎明湖公园和森山健康小镇），双江湖的开发可以带动周边旅游资源的组团发展，有利于金义都市圈联动开发。

2. 战略引导

规划建议以“金镶玉”模式引导双江湖区域空间发展（图 3.1-3）。以未来双江湖湖面为“玉”，以湖区周边区域的开发和保护为“金”，通过“赋金于玉”实现“金玉成碧”，带动周围经济的发展格局。以内聚、北扩、南优、西拓、东引的模式对双江湖区域的空间发展进行引导。

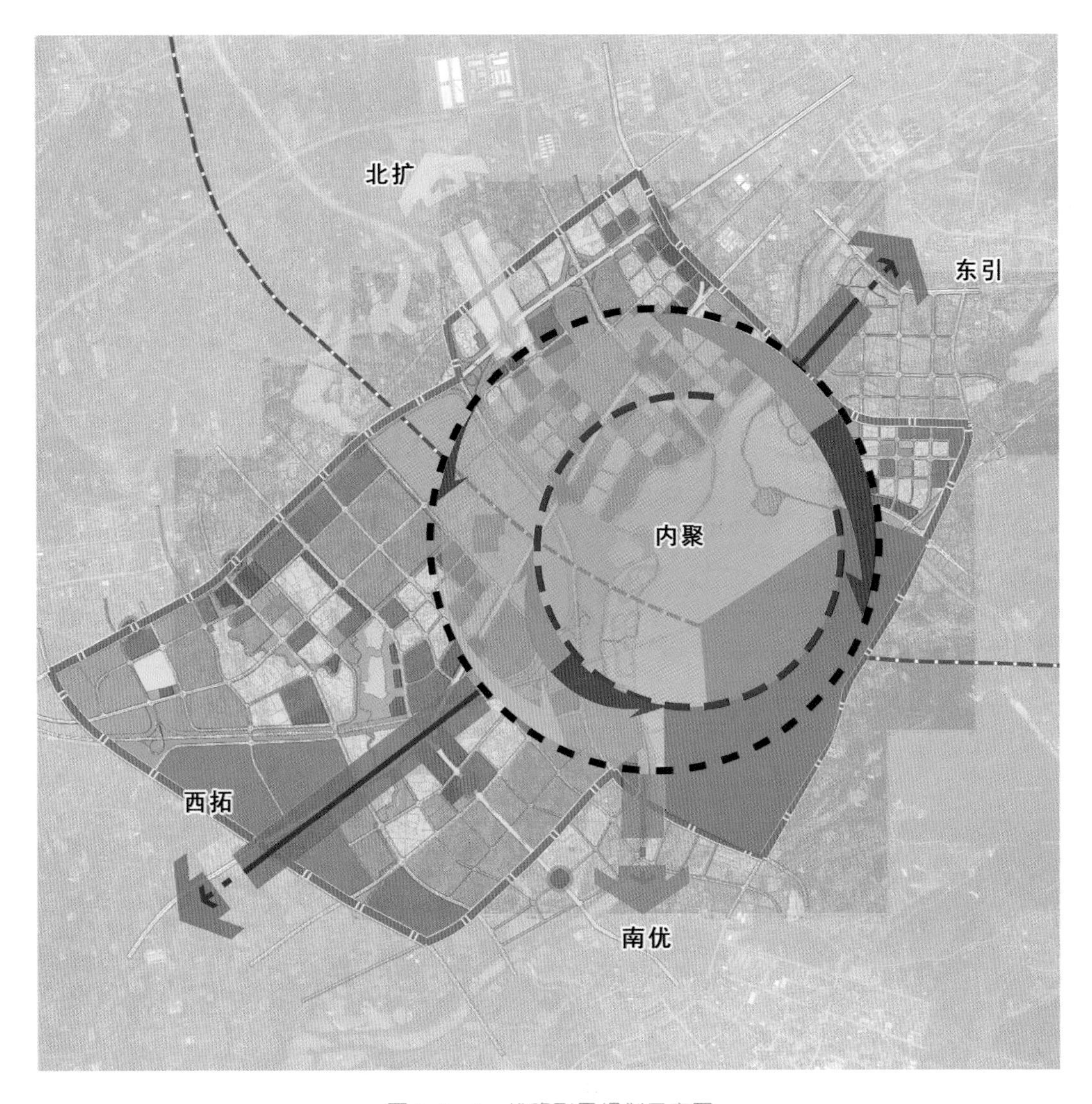

图 3.1－3　战略引导规划示意图

3. 功能分区规划

根据地块现有资源，参考原有相关规划，赋予特色功能实现差异发展。规划分为 9 大主要区块（图 3.1－4）：行政服务区、智慧生产区、科教研发区、创新动力区、文化旅游区、双江湖面区、生态廊道区、都市活力区、滨水魅力区。

4. 湖区周边土地出让及建设现状

目前已出让或正在建设的项目有工业用地（2 号地块）、稠江养老院（4 号地块）、稠江集聚区选址（3 号地块）、和平公园（建设中）、稠江街道公墓（5 号区块）（图 3.1－5）。另外杭温高铁以及生态绿廊穿过湖区，未来可使用土地主要集中在五洲大道至湖区范围区域。东侧以佛堂大道为界，目前江南村旧村改造项目建设（6 号地块）已完成 1/3。西南侧有大学城选址（7 号地块），与浙江外国语学院和财经学院正在洽谈中。

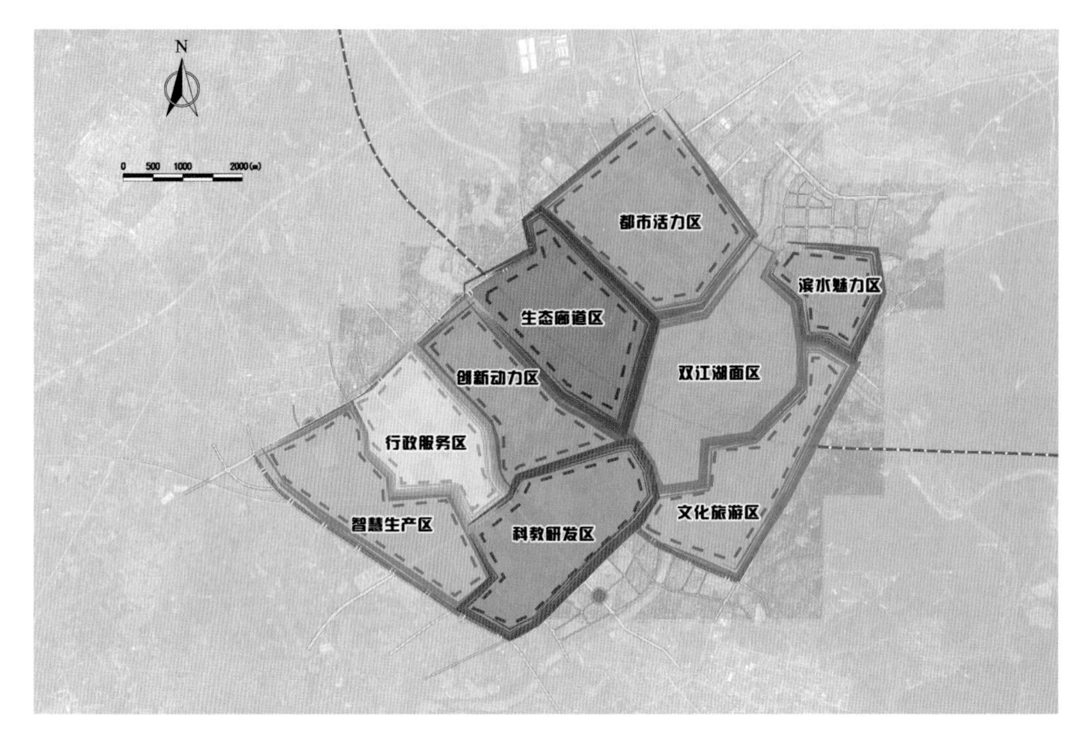

图 3.1-4　功能分区规划示意图

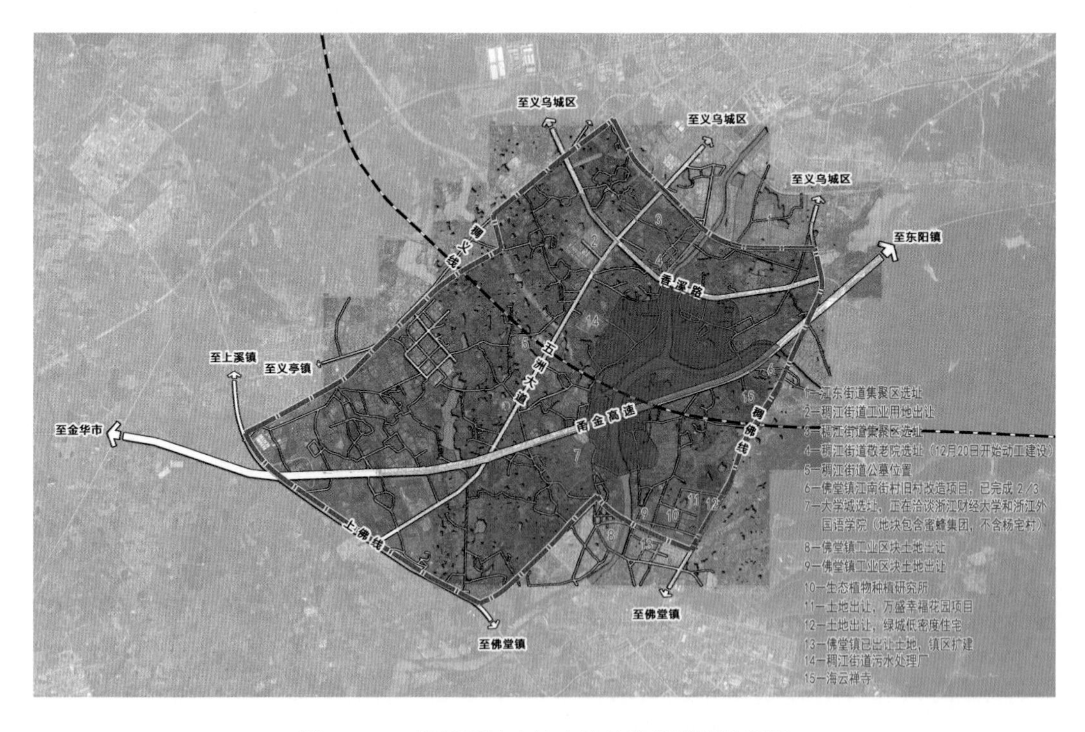

图 3.1-5　湖区周边土地出让及建设现状示意图

5. 湖区周边地块土地利用及资金平衡测算

双江湖及周边城区地块的开发利用（图3.1-6），将有效带动绿色经济和第三产业发展。在条件允许的情况下，使周边土地利用价值最大化是湖区红线划定的主要因素。

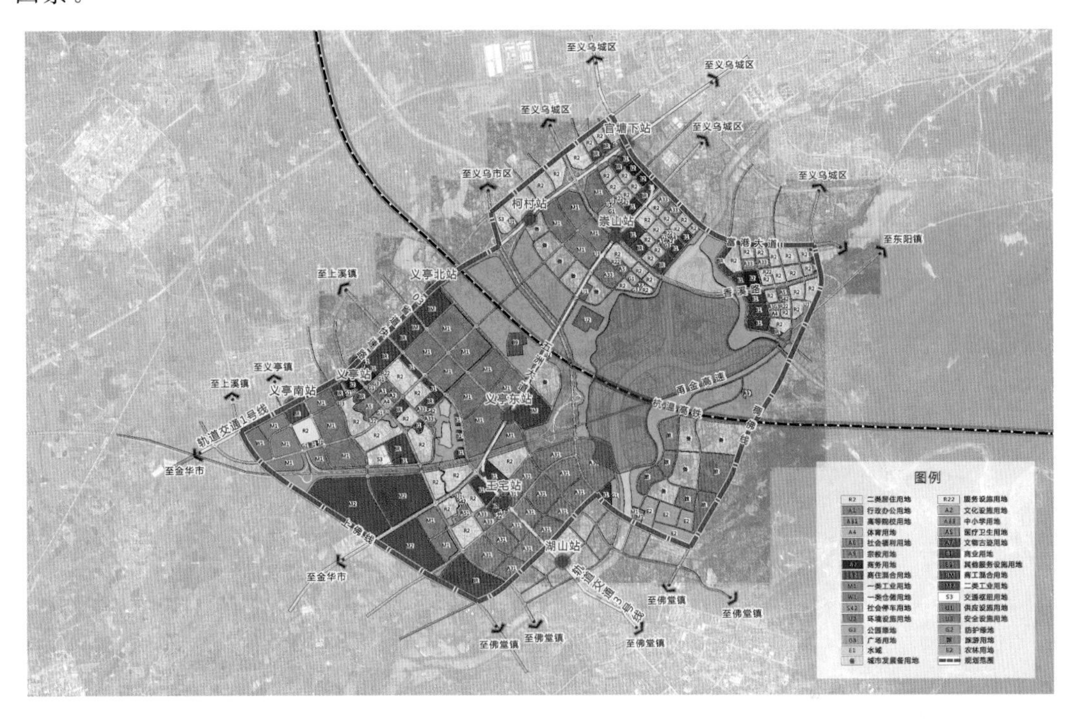

图3.1-6　周边土地利用规划示意图

为推动产业落地，建议合理控制项目内土地出让价格。预计项目总土地开发收益为1795.71亿元，建议分10年出让。

根据义乌市经济开发区工业生产总值历史数据，在同等开发强度和经济增长率下，预计建成5年后，双江湖规划区域未来产业收益（产值）可达420亿元/a，入住企业净收益（利润）可达86亿元/a。

结合义乌市旅游局公布的旅游收入数据，双江湖项目旅游开发面积和强度，预计未来仅湖区范围休闲旅游收益可达1.5亿元/a，规划区域休闲旅游收益可达30亿元/a。

结论：前期主要通过土地出让金平衡资金，后期通过利税和旅游收入反哺区域开发，能够有效实现项目可持续发展。

3.1.5　核心湖区规划

1. 总体布局

规划总面积约5.64km^2，其中水面面积约4.1km^2，湖区设置0.25km^{2}的人工岛，湖周隔堤面积1.29km^2，湖周长度12.3km（图3.1-7），（1500万m^{3}供水库容，

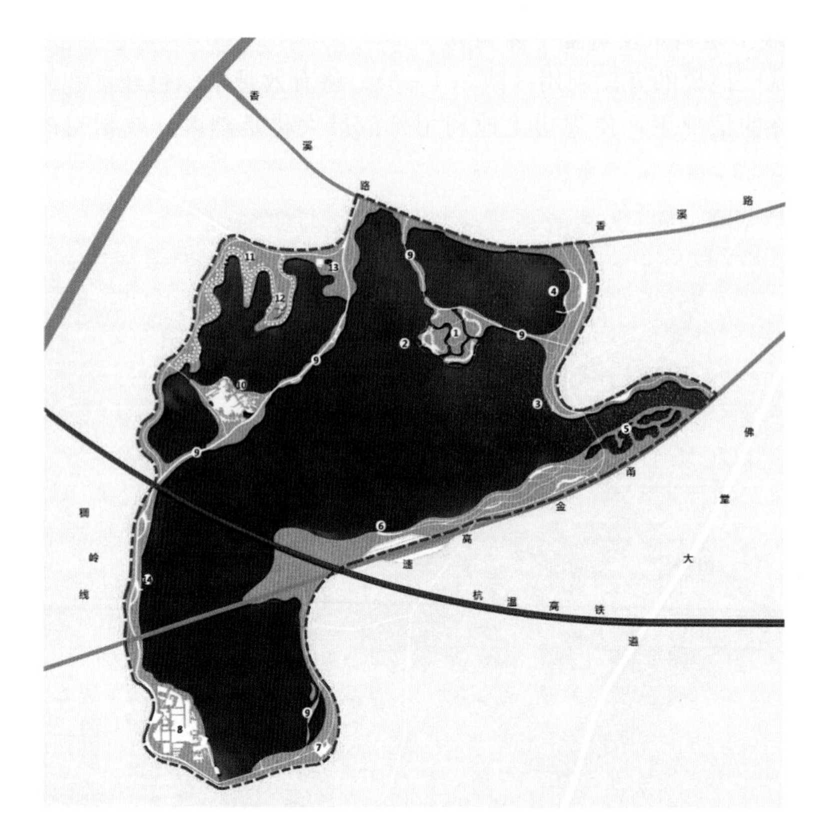

图 3.1－7　核心湖区规划布局示意图

由湖区红线范围内 1300 万 m^3 库容及两条延伸河道段 200 万 m^3 库容组成)。

2. 总体功能分区

总体功能分区分为:“一环-三片-五区”。

如图 3.1－8 所示,总体功能分区如下。

(1)“一环”:环湖 12.3km 绿廊。

(2)“三片”:江东片、稠江片、佛堂片。

(3)“五区”:风情商业区、风韵度假区、风俗体验区、风尚科创区、风土湿地区。

1)风情商业区:分区面积 31.8hm^2,功能定位为与城区衔接考虑现代异域风情并体现国际化包容思想。设计内容为异域水街、沙滩浴场、摩天轮、漂浮码头、摩托艇、赛艇等。

2)风韵度假区:分区面积 29.6hm^2,功能定位为度假养生养老健康度假中心。设计内容为特色星级酒店、度假村等。

3)风俗体验区:分区面积 35.3hm^2,功能定位为以考虑本土化为主,发展休闲旅游体验。设计内容为风俗特色街区、文化展览馆、名人馆、民宿等。

4)风尚科创区:分区面积 28.4hm^2,功能定位为结合蜜蜂集团厂房和晓联村老

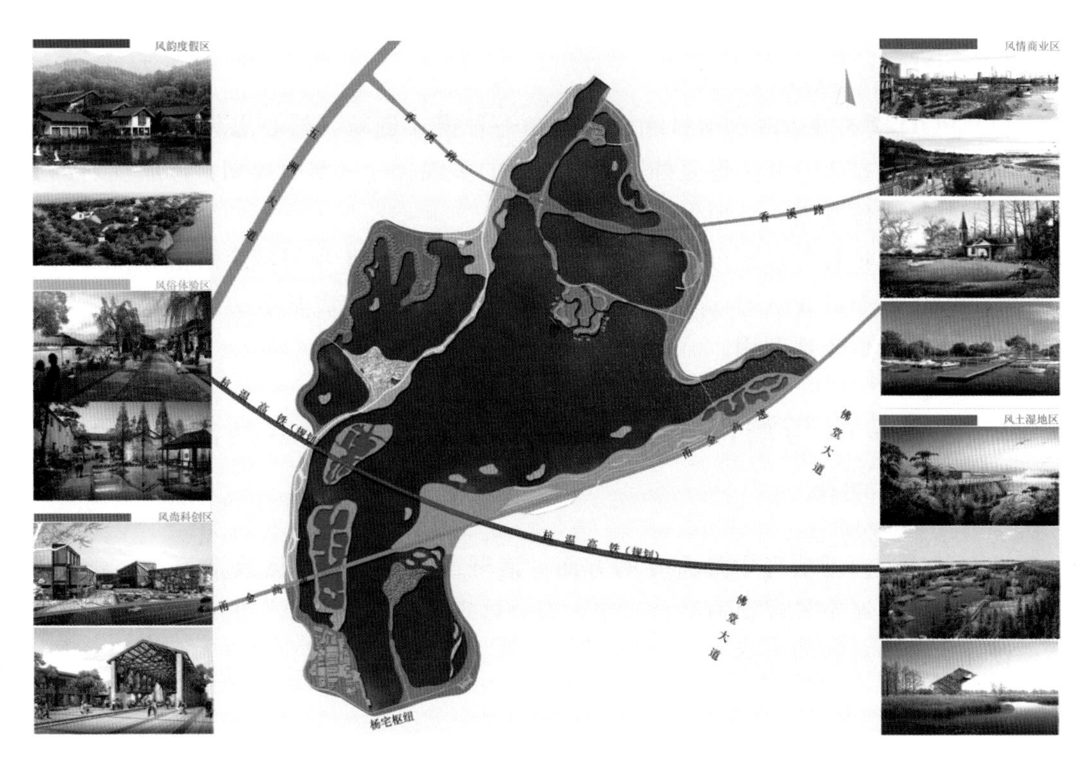

图 3.1-8 核心湖区功能分区示意图

房子改造，打造创意产业、研发创新等科创基地。设计内容为总部经济会所、创业园、艺创基地等。

5）风土湿地区：分区面积 29.2hm²，功能定位为体验配套及生境（白鹭、蝴蝶、萤火虫）营造。设计内容为湿地科普基地、观鸟摄影基地和生物栖息地营造等。

3. 建设内容

（1）水利主体工程。

1）挖湖、防洪堤及二次地形。

2）生态修复工程：湖周缓冲湿地、生态绿化、湖区小生境营造。

3）湖区水质专项：湖区活水工程、尾水提标湿地、局部湖区水下森林。

4）管理道路工程：环湖道路、绿道、慢行系统等。

5）智慧双江湖：数字双江湖、防汛与水环境调度、智慧城市。

（2）配套提升工程。

1）湖区景观提升专项。

2）湖区村庄改造与开发。

3）整体旅游开发与水上运动专项。

4）湖区市政专项：水厂水源工程、道路、桥梁、管廊及其他市政设施。

5）周边水系改造与清水入湖：渠系改造工程；排涝补偿工程；清水入湖设施。

3.1.6　小结

（1）POD 模式进行涉水项目综合开发是一种模式创新，核心思想是以外围开发转让平衡核心区投入。其关键是外围城市规划的多规合一（空间规划、产业规划、土地利用规划、设施规划、环境保护规划）。

（2）核心区项目的包装可以一次策划、多个组成，便于项目资金筹措和报批。

（3）湖区两条红线（图 3.1－5），内红线的划定主要考虑基本功能性需求，外红线的划定主要考虑土地利用。

3.2　海绵城市与蓄滞洪区综合利用——诸暨市高湖蓄滞洪区改造与城市湖泊

城市湖泊是河湖治理中最重要的方面。诸暨市高湖蓄滞洪区改造项目将正常运用的蓄滞洪区与城市景观湖泊结合起来，充分体现了空间“共享”的思想，为海绵城市建设提供了一种新的思路。

3.2.1　工程概况

湖区总面积 610hm^2，高湖改造思路是水利工程与城市湖泊的结合（图 3.2－1）。高湖项目提出一系列新的城市水利的理念，总投资约 100 亿元。

图 3.2－1　高湖蓄滞洪区总体效果示意图

高湖蓄滞洪区是浦阳江流域“上蓄、中分、下泄”防洪总体布局的重要“中分”工程，由于高湖蓄滞洪区区内社会财富和生产要素的积聚，使高湖分洪的条件受到严重制约，自1962年至今已有50多年未运用，其中有4次达到分洪标准未启用，2011年梅雨洪水再次暴露出关于高湖启用难的问题。高湖作为省内最大的蓄滞洪区工程，是确保浦阳江防洪体系发挥既定设计能力的重要环节、是保障流域内众多保护对象达到设防目标的关键措施。该工程对于提升流域实际防御洪水能力，保障社会经济稳定、持续发展大局，实现江河安澜、城乡安澜具有重要意义。

3.2.2 工程总布局

方案在遵循“高湖蓄滞洪区功能不改变、分洪总量不减少、启用条件不提高”的总体原则下，通过修筑隔堤及分洪设施等，将高湖蓄滞洪区划分出首级滞洪区（简称“一区”）和除一区以外的其余范围（简称“二区”），见图3.2-2。据浙江省政府批复专项规划要求，结合实际情况，通过多次论证，最终确定可行性研究阶段一区规模为9166亩，滞蓄水量为2709万 m^3。

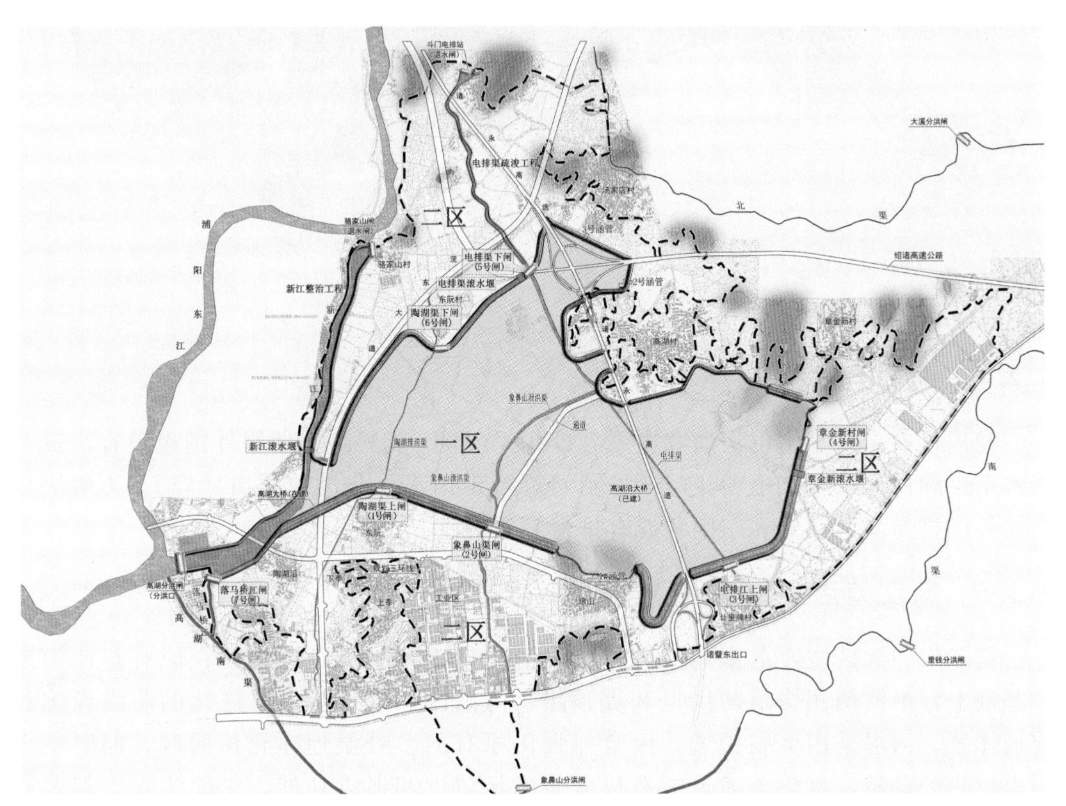

图3.2-2 高湖蓄滞洪区平面布置示意图

3.2.3 挖湖及隔堤工程

挖湖水深设计首先要满足水利基本需求蓄滞洪库容要求，并兼顾水深设计；湿地、沉水布置；小生境营造等要素，设计后竖向高程见图 3.2－3。隔堤设计兼顾防洪与生态景观，充分体现自然和谐的风格，与城市园林建设相结合。湖周隔堤采用挖湖土方回填，采用自然起伏的断面形式，相对高度 3～4m。堤顶设宽 9～12m 马拉松道。水面面积约 5000 亩，水深 3～3.5m。

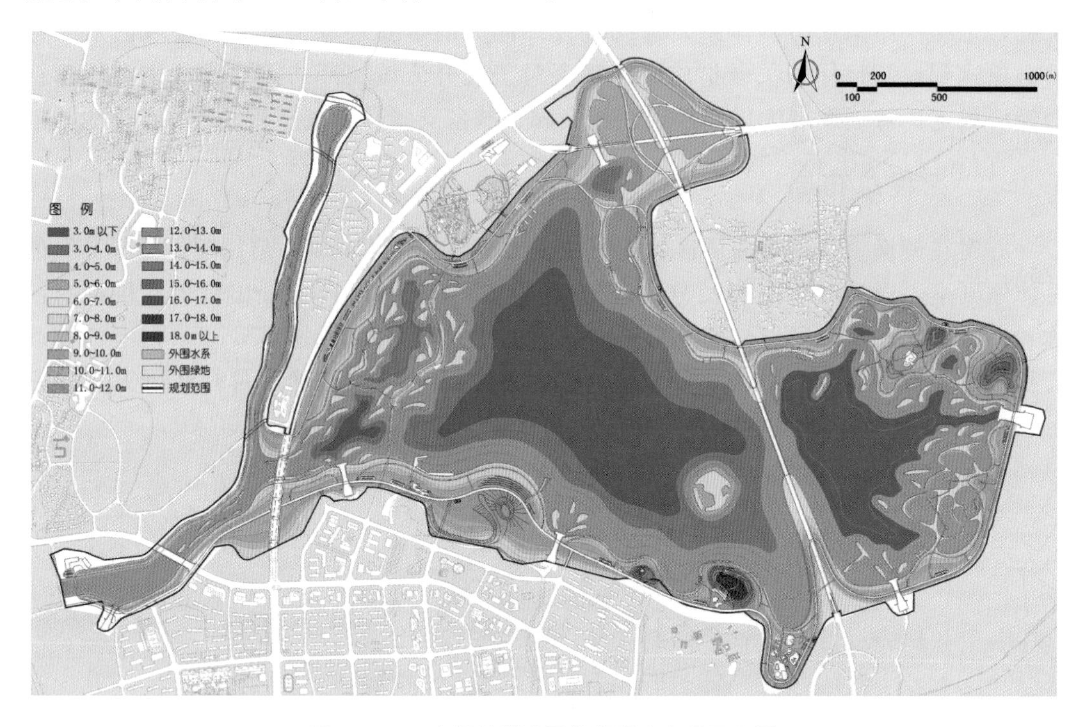

图 3.2－3　高湖蓄滞洪区挖湖竖向高程示意图

3.2.4　湖周闸站工程

湖周设有多座水闸以沟通和维系各处水系（图 3.2－4）。湖周外围也设有沟通补偿水系。湖区通过骆家山和斗门两处闸站进行预排水（分洪前腾出库容）。为解决分洪期外围排涝湖区南侧和东区各设有排涝泵站一座。

3.2.5　新江整治工程

新江作为湖区主要退水通道进行疏浚清淤整治和生态化改造。在原有新江河道的基础上，沿河两侧构筑防洪堤和堤顶路，与湖区相贯通，形成连续的防洪设施和交通体系。河堤采用生态护坡，保留并强化原有的多处湿地净化试验区，同时结合湿生植物的种植，将整个河道塑造成既能满足防洪和泄洪功能，又能实现生态效益的生态河道。同时还布置观景平台、亲水平台和步行桥，为人们游赏提供了便捷。

3.2.6　景观工程

（1）规划定位及目标："魅力高湖，弹性水岸"。以满足城市蓄滞洪为前提，结合

图 3.2-4　高湖蓄滞洪区水闸布置示意图

场地条件，通过合理的规划设计形成完善的区域生态系统和休闲系统，构建集城市蓄洪滞洪、生态游览、休闲度假、文化展示和科普教育于一体的环境优美、景观多样、具有丰富生态栖息环境的城市景观湖泊（图 3.2-6 和图 3.2-7）。

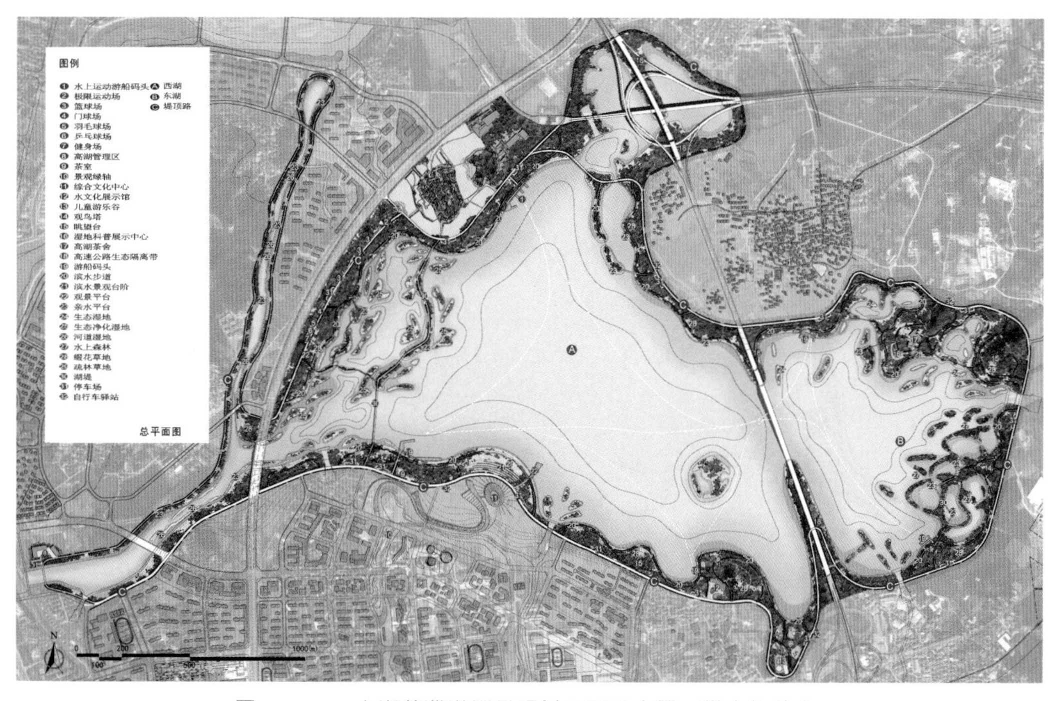

图 3.2-5　高湖蓄滞洪区景观总平面示意图（常水位状态）

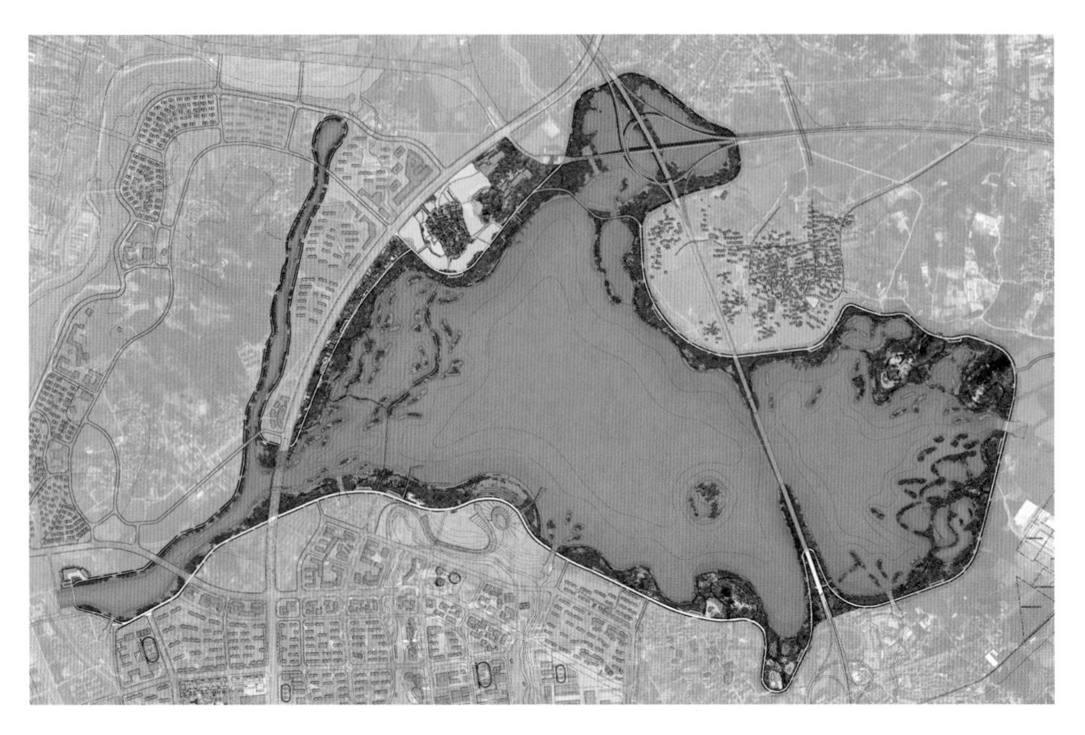

图3.2-6　高湖蓄滞洪区景观总平面示意图（蓄水位状态）

（2）功能分区（图3.2-7）：整个湖区分为中心湖区（图3.2-8）、活力水岸、运动休闲区、生态保育区、高速公路隔离区、滨河生态区（图3.2-9）六大主题分区。

图3.2-7　高湖蓄滞洪区景观主题功能分区示意图

图 3.2-8 中心湖区效果示意图

图 3.2-9 滨河生态区效果示意图

3.2.7 水质专项工程

根据高湖水质及生态系统稳定性总体目标，针对其现状及潜在污染源，通过常态维持，辅助提升和应急修复等多种类型工程措施相结合的方式来保障常态时期，枯水期以及分洪期等工况下湖区水质。具体工程措施包括补水活水工程，湖区水生态修复系统构建，支流清水入湖工程，人工湿地，湖周 LID 低影响开发建设以及信息化建设等，工程总体布置如图 3.2-10 所示。

图 3.2-10 工程总体布置图

1. 补水活水系统

高湖补水规模为 2.15m^3/s，日进水量为 18.6 万 m^3，全湖换水周期为 21d；湖区内共设置四处补水点，分别位于象鼻山分洪闸处、双桥闸处、东北侧生态湿地附近和中心岛东侧附近，补水规模各 0.54m^3/s。补水水源为浦阳东江，原水经过预处理，经加压泵站和配水管网从水源输送至各补水点。

预处理设施采用絮凝池＋河道沉淀方案进行原水预处理（图 3.2－11 和图 3.2－12）。絮凝池水力停留时间为 20min，占地面积约 870m^2。处理后出水排入新江，利用新江高湖分洪闸至高湖大桥节制闸河段自然流动而沉淀。在高湖大桥节制闸西侧设置加压泵站，提取新江处理后清水，通过 DN1200 配水主管经高湖大桥节制闸加压输送至湖区。

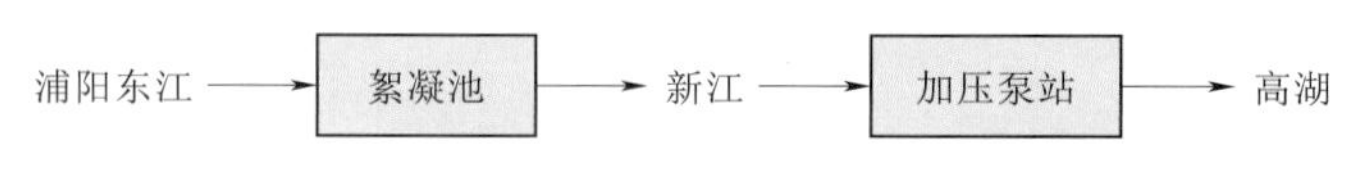

图 3.2－11　预处理工艺流程图

图 3.2－12　絮凝池＋河道沉淀预处理系统示意图

2. 水生态修复系统

构建高湖水生态系统，提升高湖水体自净能力。建设内容主要包括沉水植物群落构建、挺水植物群落构建、浮叶植物群落构建、鱼类群落构建和大型底栖动物群落构建。

种植沉水植物，布置于各支流入湖口处、南侧及北侧湖区沿湖及岛屿周边 50m 范围内，共计 50 万 m^2。挺水植物种植面积约占总水域面积的 1%～2%，浮叶植物种植面积约占总水域面积的 1%～2%，主要分布在临水商业及别墅住宅区岸边、湖区岛屿周边，配置种类需与陆域景观结合，以景观效果为主，水生态为辅。投放黑鱼3500尾、鲴鱼10500尾、螺类700kg、虾类700kg。

3. 清水入湖系统

(1) 对污染负荷较高的落马桥江入湖水体进行集中处理，采用砾间接触氧化工程。设计处理规模为2万 m^3/d，工程包含预处理系统、砾间净化槽和机房3部分。砾间净化槽和预处理系统均为全地下式结构，其上部将设置滨河景观带；机房建筑设计考虑与周围景观相协调。同时，设置科教参观廊道1座，廊道位于主净化槽内。

(2) 针对高湖南侧入湖小微支流，在入湖口处建设终端处理工艺，采取“前置活性生物滤床+后续湿地泡”组合工艺的形式。活性生物滤床面积约为2500m^2，湿地泡直接布设在入湖支流的河道内。

4. LID系统（结合景观）

建设区域采用植草沟、生态滞留设施、下沉式绿地和透水铺装等主要LID基础设施来控制沿岸面源污染，保障高湖水质安全。分别设置植草沟300m^2、生态滞留设施520m^2、下沉式绿地2210m^2和透水铺装350m^2，建设完成后区域总调蓄容积至少可达到330m^3，综合雨量径流系数小于0.275，满足控制目标。

5. 湿地系统（结合景观）

在高湖西侧设置表面流人工湿地15.5万 m^2。人工湿地的景观设计有着保持其与湖区周边自然环境的连续性；保证湿地生物生态廊道的畅通，确保动物的避难场所；避免人工设施的大范围覆盖；确保湿地的透水性，寻求有机物的良性循环的作用。结合高湖整体景观，充分利用区域内的现有条件，充分利用现有物种开展动植物景观设计，按照生物学和景观学的原理合理设计，以减少工程量，做到经济、环保。湿地设计水力负荷为0.05$m^3/(m^2 \cdot d)$，水力停留时间为4d，水力坡度为0.5%。

6. 监测与管理

对高湖蓄滞洪区建设红线内区域各类监测指标开展监测，设置常规监测点和非常规监测方案。常规化生态监测项目包括水质指标、水生生物指标、底泥及土壤指标、气象指标与水文指标。非常规化监测主要是针对正在或即将施工的治理工程、对有毒有害物质在水生生物食物链的传递、有毒有害物质在水环境中水-底质之间的迁移转化和汛期、分洪期、枯水期、意外污染泄漏等突发紧急时期各项目的监测。

将水环境监测及历史数据库得来的信息经过实时视景管理驱动软件和三维建模和人机交互软件的后处理，生成逼真形象的水体流动、水质现状表观图，并且显示出水质水量的分析数据，并对现状进行风险评估和未来情景的模拟，为管理者提供决策支撑。

7. 管理区及信息化建设

高湖蓄滞洪区信息化建设（图3.2-13）是诸暨智慧水务的一个重要环节，分为数字高湖、智慧水务、智慧城市3个阶段建设，其中数字高湖是结合改造工程开展的基础建设，贯穿于整个工程的始末，是智慧管理的基础支撑。智慧水务是高湖改造工程的辅助工程，以解决水务管理与高效运用问题，是水文化体系的集中表现。智慧城市是未来城市发展的必然趋势，是社会进程的必然产物。

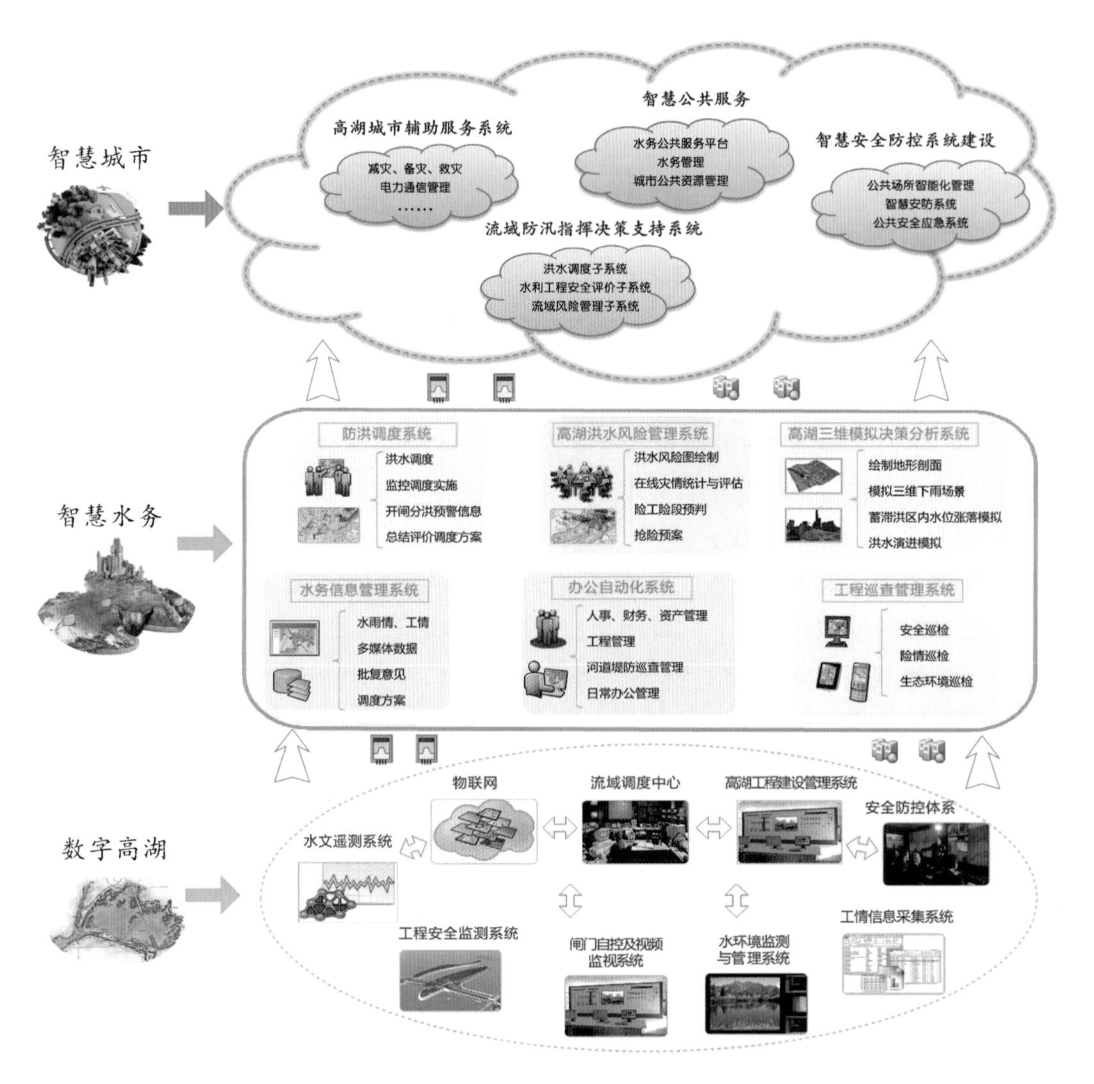

图 3.2-13　高湖蓄滞洪区信息化建设示意图

3.2.8　小结

（1）海绵城市并不只是透水铺装或者生态植草沟等 LID 模块；在某些情况下“渗、蓄、滞、净、用、排”6 个字的使用是可以不平衡的，有时要强调“蓄、滞”，有时也要强调“排”。

（2）高湖也是城市湖泊，以高湖城市湖泊为核心将带动城东片快速和高品质发展，高湖也是诸暨建设海绵城市最重要的载体。

3.3 城市湖泊与应急备用水源——海宁市鹃湖应急备用水源工程

3.3.1 项目背景

海宁市现状城乡供水水源为境内骨干河道，水源相对单一。骨干河道两侧布置有大量的工业企业，其中不乏生产、使用、销售含有毒有害物质的企业。作为海宁市城乡供水水源地的长山河和盐官下河沿河就有皮革制造厂、化工产品生产企业、农药和化肥仓库等。另外，骨干河道多承担航运功能。由于境内平原河网水系相互沟通，一旦发生意外泄漏、爆炸等突发性水污染事件，将直接导致水源地供水受到严重影响，对海宁市的群众生活和社会经济发展产生极大影响。

因此，按照《国务院办公厅关于加强饮用水安全保障工作的通知》《浙江省人民政府关于切实加强城乡饮用水安全保障工作的通知》的要求，《浙江省城乡饮用水安全保障规划》推荐新建鹃湖作为海宁市备用水源地。根据海宁市规划水平年的用水需求，规划提出鹃湖应急备用水源地的应急备用容积为 180 万 m^3。鹃湖应急备用水源地建成后，可以满足海宁市城乡供水的应急备用需求。

鹃湖应急备用水源工程是《浙江省城乡饮用水安全保障规划》《嘉兴市城乡饮用水安全保障规划》《海宁市城乡饮用水安全保障规划》推荐的确保海宁市域居民饮水安全、经济社会可持续发展的重要工程，是海宁市近期拟实施的一项民生工程、发展工程和基础性工程。该工程的建设符合《浙江省小型水库建设规划》（浙发改函〔2006〕181号）和《海宁市城市总体规划》。该工程建成后，主要解决海宁市域城镇应急供水问题，其次可以改善周边生态环境，提高城乡居民生活质量。

3.3.2 工程概况

鹃湖应急备用水源工程位于海宁城区东南，北依长山河，南临洛塘河（改道后），工程建成后将是海宁城区的应急备用水源地。鹃湖应急备用水源工程占地面积 1.16km^2，其中湖区水域面积 0.9km^2，环湖绿化隔离带面积 0.2km^2，引水、排水河道面积 0.06km^2。总蓄水容积 274 万 m^3；正常蓄水位 2.00m，相应蓄水容积 225 万 m^3；供水死水位 0.00m，应急备用蓄水容积 180 万 m^3。

工程主要建设内容为：湖区开挖、湖区堤坝护岸工程；连接河道整治工程；节制闸、闸站工程及环湖绿化隔离带工程。工程总投资 5.63 亿元。

3.3.3 工程总布局

1. 工程设计原则

工程设计的原则是将工程水利、生态水利和环境水利有机结合，鹃湖应急备用水源工程的建设既要满足海宁市城市应急供水需要，同时也要实现保护水源地、水景结合的目标。因此结合鹃湖应急备用水源工程的建设要求，把生态治水的理念引入到设计中来，尽量避免鹃湖的“硬化”“白化”“渠化”，使之与周边环境融为一体，希望通过工程措施营造出一个“水清、流畅、岸绿、景美”的现代生态性水源地。

2. 工程特点及创新

湖区东南角区块为湿地，以湿地公园概念来规划方案，将生态环境、功能活动进行合理的安排与优化调整，为周边居民创造一个生态休闲场地，效果见图 3.3－1～图 3.3－3。优越的场地条件决定了场地景观价值，拥有“大景观与小景观”两种不同的空间体验，西面是一览无遗的鹃湖水面，大气磅礴；东面是地形多变的湿地景观，丰富优雅。湿地主打一年四季皆可观赏的绿化主题，通过科学种植和布景，游人们可随时来到鹃湖观景。春天，能见广玉兰、白玉兰、红枫、碧桃、杜鹃、海棠；夏天，能见紫薇、美丽月见草、细叶美女樱、月季；秋天，能见桂花、银杏、无患子、枫香；冬天，能见梅花。同时通过沉水植物、挺水植物、乔灌木等多样性植物群落与动物栖息地的构建，创造稳定、高效的湿地生态平衡。整个系统建立完成后，湿地内部水体能够拥有自净能力，能有效改善湖区水质。

图 3.3－1　鸟瞰效果图

图 3.3－2　效果图（一）

图 3.3-3　效果图（二）

3.3.4　工程效果

2013 年 3 月，鹃湖应急备用水源工程开工；2013 年 6 月，鹃湖完成土方开挖、堤防工程验收；同年 8 月，鹃湖开始蓄水。2015 年 5 月全面完工。该工程为Ⅲ等工程，主要建筑物为 3 级。

鹃湖应急备用水源工程是在海宁市公共水厂主水源发生突发性水污染事件、取水工程事故等，导致无法正常供应原水时的城区备用水源地。

鹃湖应急备用水源工程的建设在保障居民饮水安全的同时，做到“造湖于民”，提高居民生活质量。工程建设过程中可以很好地与城市景观工程（如海宁市城市生态公园）相结合。与城市文化延续和城市居民文化需求相结合。临湖建筑物可在考虑工程安全、水源保护的前提下，追求工程与环境艺术相结合，增加滨水环境的亲水性。该工程建成后可以改善湖周区空气质量，调节小气候，对居民身心健康十分有利。此外，该工程可以大幅提高植被覆盖率，减少水土流失的同时有利于生态平衡，从而改善海宁市的生态环境。

对于该工程的实施，嘉兴市政府、海宁市政府给予了高度的评价。2016 年 3 月，鹃湖应急备用水源工程被评为“十二五”海宁市十大最满意民生项目之首。工程实景效果见图 3.3-4～图 3.3-8。

图3.3-4　工程效果（一）

图3.3-5　工程效果（二）

图3.3-6　工程效果（三）

图3.3-7　工程效果（四）

图3.3-8　工程效果（五）

3.3.5 小结

（1）城市湖泊治理与应急备用水源工程在满足水利要求的情况下，应与片区多方面的发展相协调，达到多规合一，使治理工程与生态环境、城市发展紧密结合。

（2）工程建筑物结合城市规划，与周围环境相协调，充分考虑水源保护和改善生态环境的需要；以人为本，体现人与自然的协调，为营造城市特有的文化内涵留出空间，做到以湖带景，湖景统筹，提高城市品位。

3.4 水库库尾湿地与水源保护——安吉县凤凰水库与老石坎水库库尾湿地

3.4.1 安吉凤凰水库生态景观湿地

1. 项目概况

凤凰水库位于西苕溪支流递溪上，坝址位于安吉县城递铺镇上游的康家口村，距安吉县城约1.0km，坝址以上集雨面积39.5km^2。该工程是西苕溪流域防洪体系的组成部分，以防洪为主，结合供水、改善城市景观及发电，直接保护下游安吉县城递铺镇。水库总库容2112万m^3，属中型水库，Ⅲ等工程，正常蓄水位62.00m，年均供水量1533万m^3。2009—2012年的采样监测结果表明，凤凰水库水体中总氮平均浓度为2.21mg/L。导致凤凰水库总氮偏高的原因，除了因蓄水前库区清理不彻底产生的内源污染外，库区上游排放的农村生活污水、农家乐旅游餐饮废水、化肥农药的施用等面源污染也是主要原因。据调查，凤凰水库库区集雨范围内生活污染和餐饮废水年排放量达16.4万t，化肥农药年施用量近400t。目前凤凰水库水体已呈中营养化水平，且呈逐年加重的趋势，迫切需要对面源污染进行治理。

生态景观湿地位于凤凰水库双二库尾，双溪口村关上自然村下游，距坝址直线距离约2.2km，距安吉县城区约3.2km。湿地总面积3.5万m^2，分南北两片，北片1.3万m^{2}景观绿地，以栽植乔、灌、草进行景观绿化为主；南片2.2万m^{2}生态湿地，以栽植湿地植物进行水质净化为主。生态湿地设计进水流量约0.2m^3/s，计算水力停留时间26.24h，日平均处理水量约1.25万m^3。

2. 设计思路

凤凰水库目前受面源污染的影响，总氮指标较高，影响供水水质。该工程秉持水生态文明理念，以顺应自然、维护水体健康、保证饮用水源地安全和提升水环境景观为目标，对凤凰水库双二库尾进行整治，融合生态湿地等景观资源，打造“生态、休闲、安全、文明”的水景观，实现蓄水、净水、生态、休闲等功能，服务周边居民，改善人居环境，提高城镇居民的生活品位。

3. 工程总布局

本案例立足地表流湿地原理，结合项目区的地形地貌和凤凰水库建库后的调度运行实际，将地块划分成南北两片，北片区块面积约 1.3 万 m^2，用于布置景观绿地，南片区块面积约 2.2 万 m^2，用于布置生态湿地。生态湿地按三级七个区块呈条带状布置，同时保证挺水植物区水深不浅于 0.3m、沉水植物区水深不浅于 1m。工程主要建筑物包括拦水堰、挡土墙、挡土埂和引水系统。

（1）景观绿地。北片景观绿地区块靠近山体，场地形状较规整，原地面高程为 58.00～67.00m，呈西高东低之势，地势高差相对较大。区块沿范围线自然布置林带，临水沿线设计种植以池杉为主的密林块，沿岸线内凹处辅以水生植物，从而构成自然生态群落，提升水环境。区块整体设置一条宽 2.4m，贯穿东西区块，与东西两侧车行道路相连接的生态游步道，游步道设计形式依附原地势，保护生态环境的同时也不失视觉美感。场地临水侧为防止水库水位变动造成岸坡崩塌，边坡放缓至 1∶3 并采用抛石护脚。

（2）生态湿地。

1）湿地布置。南片生态湿地场地南北长、东西短，近似梯形，地势高差相对较小。根据水库的调度运行规则、地块及周边道路现状高程，生态湿地结合场地西高东低的地势，顺着溪沟走向按不同高程分三级湿地七个区块呈条带状布置（图 3.4-1）。各级湿地之间用挡土墙进行分隔，各区块之间挡土埂用于分隔。区块一～区块三水深 0.3～0.5m，区块四～区块六水深 0.3～0.7m，区块七平均水深为 1.2m，湿地进水自流依次经各区块后泄入水库。

2）湿地拦水堰。湿地上下游各布置一座拦水堰。上游拦水堰布置于凤凰水库上游山塘泄水渠下游 33m 处，用于拦截上游来水。拦水堰为 C25F50 混凝土折线实用堰，上游面直立，下游面为斜坡加圆弧段的断面形式，斜坡坡比 1∶0.75，反弧半径 1.0m，反弧段后接现状泄水渠。下游拦水堰布置于区块七与凤凰水库连接处，用于形成区块七的水面，并起到湿地区块与水库之间水流的过渡作用。拦水堰为宽顶堰，上下游坡面均为 1∶5，堰体采用砂砾石掺 5％水泥填筑而成，表面铺装 30cm 厚生态网垫，上下游坡脚设 1.0m×1.0m 生态网箱大方脚，下铺 30cm 厚生态网垫防冲，大方脚外侧设抛石体防冲，堰顶设碇步石。

3）湿地引水系统。引水系统由取水口、取水池、引水管和出水池组成，用于从上游拦水堰引水至区块一湿地。取水口布置于上游拦水堰左侧，顺水流方向依次设固定式拦污栅、插板门槽。取水口后接取水池，取水池后接引水管，管口设不锈钢滤罩，引水管接出后设控制阀门，控制引水流量。线路布置从取水池沿泄水渠埋设，穿过桥涵后，折向西沿公路坡脚经区块四、区块三、区块二和区块一，到达区块一上游侧的出水池。出水池布置于区块一上游侧公路坡脚，池顶设混凝土盖板，防止污物进入池内。

4. 植物配置

（1）景观绿地植物配置。北部景观绿地区块以营造景观效果为主，湿生植物选取能够稳定边坡、抗侵蚀、耐受水位波动的种类，并适当考虑湿生植物的叶色、花色、花期、植物质感的搭配。景观绿地植物配置情况见表 3.4-1。

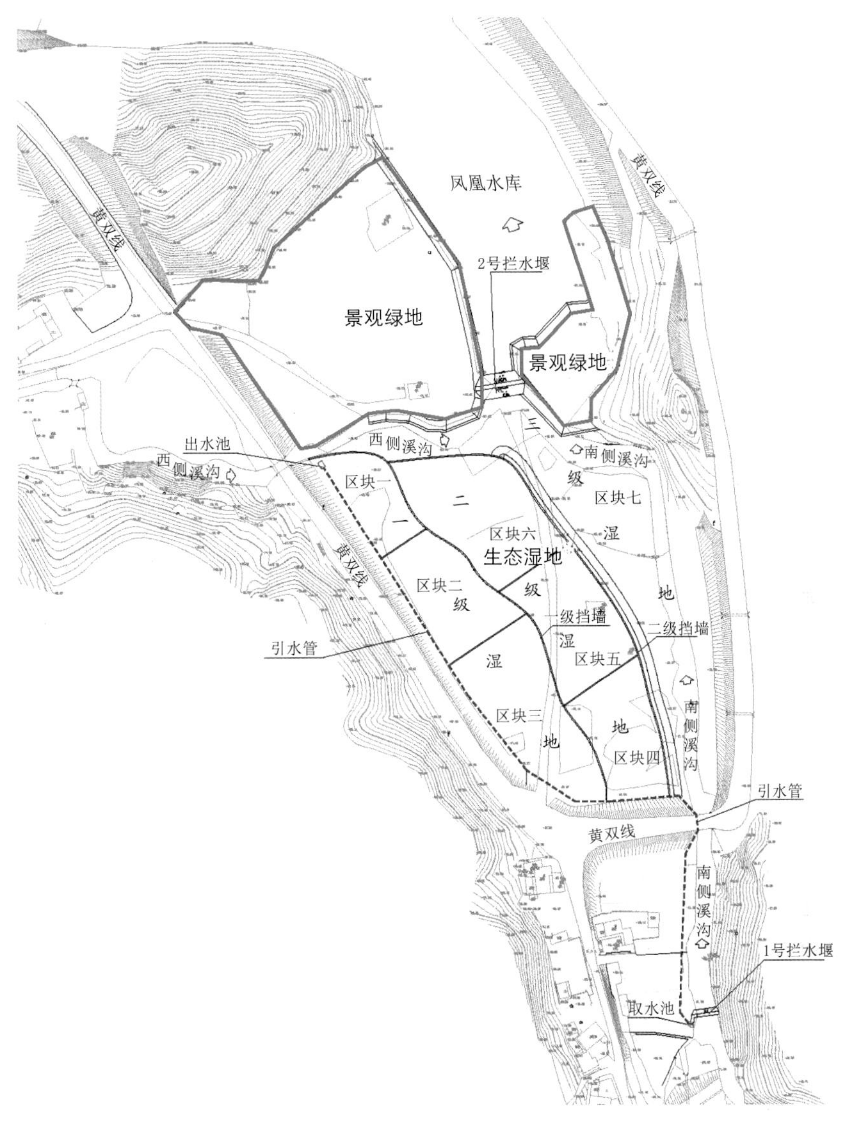

图3.4-1 湿地平面布置图

表3.4-1 景观绿地植物配置

名 称	胸径/cm	单位	数量	备 注
中山杉	13	棵	76	
池杉	13	棵	65	
垂柳	11	棵	14	
构树	10	棵	40	
香樟	12	棵	44	
湿地松	12	棵	31	
乌桕	12	棵	33	

续表

名　称	胸径/cm	单位	数量	备　　注
南川柳	11	棵	19	
无患子	13	棵	12	
枫杨	13	棵	39	
木绣球	—	棵	30	
木槿	d5	棵	40	d表示地径
银杏	15	棵	20	
孝顺竹	—	m^2	567.8	
芒草	—	m^2	387.4	
芦苇	—	m^2	144.3	
再力花	—	m^2	119.0	
千屈菜	—	m^2	66.3	
水葱	—	m^2	120.4	
鸡毛竹	—	m^2	618.3	
草坪	—	m^2	10987.6	狗牙根混播百慕达草

(2) 生态湿地植物配置。根据不同水生植物的特性，在湿地水深0～1.0m的区块一～区块六种植挺水植物，如梭鱼草、再力花、黄菖蒲、水葱、千屈菜等。各区块的湿生植物主要根据其水质净化能力、花色花期、生活习性等搭配种植；在水深1.0～2.0m深的区块七中，适量种植沉水和浮叶植物，如菹草、苦草、黑藻等，防止底泥的再悬浮而影响水体的透明度，保持库尾湿地水体的清澈，并且可以吸收、转化沉积的底泥及库水中的有机质和营养盐，降低水中营养盐浓度，抑制浮游藻类的生长，以提高出水水质；同时在沉水和挺水植物之间种植一定量的浮叶植物，如睡莲、黄花水龙等。由于这类植物对氮、磷、钾的吸收比较多、根系入土深度较大、根系接触面广、配置于库区中更显示出处理净化性能，既能吸收水里的矿物质，同时又能遮蔽射入水中的阳光，所以也能够抑制水体中藻类的生长，并结合保护水生植物净水功能的前提下，完善人工生态系统的食物链和食物网结构。

生态湿地植物配置情况见表3.4-2。

表3.4-2　　生态湿地植物配置表

区　块	配置植物名称	面积/m^2	栽植规格/(株/m^2)	需总苗数/株
区块一	梭鱼草	1340	16	21440
区块二	黄菖蒲	2200	20	44000
	聚草		20	44000

续表

<table>
<tr><th>区　块</th><th colspan="2">配置植物名称</th><th>面积
/m²</th><th>栽植规格
/(株/m²)</th><th>需总苗数
/株</th></tr>
<tr><td rowspan="2">区块三</td><td colspan="2">再力花</td><td rowspan="2">3100</td><td>5</td><td>15500</td></tr>
<tr><td colspan="2">千屈菜</td><td>6</td><td>18600</td></tr>
<tr><td rowspan="2">区块四</td><td colspan="2">美人蕉</td><td rowspan="2">1800</td><td>10</td><td>18000</td></tr>
<tr><td colspan="2">黄菖蒲</td><td>12</td><td>21600</td></tr>
<tr><td>区块五</td><td colspan="2">花叶芦竹（或绿苇）</td><td>2300</td><td>30</td><td>69000</td></tr>
<tr><td rowspan="2">区块六</td><td colspan="2">黄花水龙</td><td rowspan="2">3000</td><td>5</td><td>15000</td></tr>
<tr><td colspan="2">水葱</td><td>30</td><td>90000</td></tr>
<tr><td rowspan="2">区块七</td><td colspan="2">睡莲</td><td rowspan="2">4800</td><td>2</td><td>9600</td></tr>
<tr><td colspan="2">菹草</td><td>15</td><td>72000</td></tr>
<tr><td rowspan="4">湿地周围绿化工程</td><td rowspan="2">公路侧绿化</td><td>铺植草皮</td><td>3000</td><td>—</td><td>—</td></tr>
<tr><td>云南黄馨</td><td>—</td><td>7</td><td>2200</td></tr>
<tr><td rowspan="2">二级挡墙外侧绿化</td><td>撒播草籽</td><td>1000</td><td>—</td><td>—</td></tr>
<tr><td>木芙蓉</td><td>—</td><td>4</td><td>1600</td></tr>
</table>

5. 景观效果

湿地建成后效果见图 3.4－2～图 3.4－6。

图 3.4－2　建设后全景

图3.4-3　景观绿地（一）

图3.4-4　景观绿地（二）

图3.4-5　生态湿地内部（一）

图3.4-6　生态湿地内部（二）

3.4.2　老石坎水库库尾湿地

1. 项目背景及概况

老石坎水库位于南溪干流上，坝址以上集水面积258km^2，河长28.9km，河道比降10.72‰。水库总库容1.15亿m^3，是一座以防洪为主，结合灌溉、发电、供水、养鱼等综合利用的大型水库。每年向下游孝丰镇供水180万m^3。老石坎水库流域面积涉及安吉县的报福镇、杭垓镇和章村镇以及安徽省宁国市的仙霞镇共20个行政村，常住人口约2.7万人，企业近30家，农家乐近200家（每年进入库区的旅游人数约36万人次），排放COD、TN、TP分别达200t/a、5t/a、0.7t/a。根据老石坎水库2002—2013年的水质监测数据，TP为Ⅱ～Ⅲ类，TN为Ⅳ～Ⅴ类，TN个别年份甚至为劣Ⅴ类，达不到老石坎水库饮用水水源保护区Ⅱ类目标水质限值要求，老石坎水库发生富营养化的可能性在逐年增加。

湿地选址于报福镇汤口村，章村镇茅山村下游，汤口桥上游，老石坎水库库尾南溪干流右岸的河漫滩上。东北距老石坎坝址约6.5km，距安吉县城28km。湿地占地面积为20hm^2，最小设计引水流量0.6m^3/s，设计最小日处理水量5.2万m^3，最

大设计引水流量 $2m^3/s$，最大日处理水量 17.2 万 m^3。

2. 设计思路

秉持水生态文明理念，对老石坎水库汤口库尾进行整治，在恢复、利用、保护原有的自然环境和景观要素的基础上，通过微地形改造，工程措施与植物措施相结合，以净化南溪来水水质、维护水体健康、保证饮用水水源地安全为主要任务，兼顾提升库尾水生态和水环境景观。

3. 工程总布局

生态湿地布置在南溪右岸的河漫滩地上，以南北向两条呈“Y”形分布的道路为骨干交通网络，分为三级共 9 个区块（图 3.4-7），各区块之间以卵石道路、生态透水堰坝、小岛进行分隔。区块一、区块二、区块六、区块七、区块八和区块九湿地以

图 3.4-7 湿地分区图

水质净化为主导功能，区块三、区块四和区块五湿地以水生态景观提升为主导功能。湿地上游进水口水位控制在 119.00m，下游出水口水位控制在 115.00m。上下游各区块间水位依坡就势，水位差控制在 0.50～1.00m，水深均大于 0.3m。各区块设计水位与开挖高程见表 3.4-3。

表 3.4-3　　湿地分区一览表

湿地分区		设计水位/m	开挖底高程/m	面积/m^2
一级	区块一	119.00	118.00	12530
	区块二	118.00	117.00	12820
二级	区块三	117.00	116.00	12290
	区块四	116.50	116.00	26860
	区块五	115.00	114.50	10660
三级	区块六	118.00	117.00	7170
	区块七	117.00	116.00	990
	区块八	116.00	115.00	7340
	区块九	115.00	114.00	3770
合计				94430

湿地总平面布置见图 3.4-8，主要建筑物包括拦水堰、引水渠、生态透水堰、过水涵管和湿地出水堰等。拦水堰布置在湿地上游河道内原拦水堰处，引水渠布置在拦水堰右岸，沿现已废弃的灌渠和机耕路布置，出口与湿地相接。

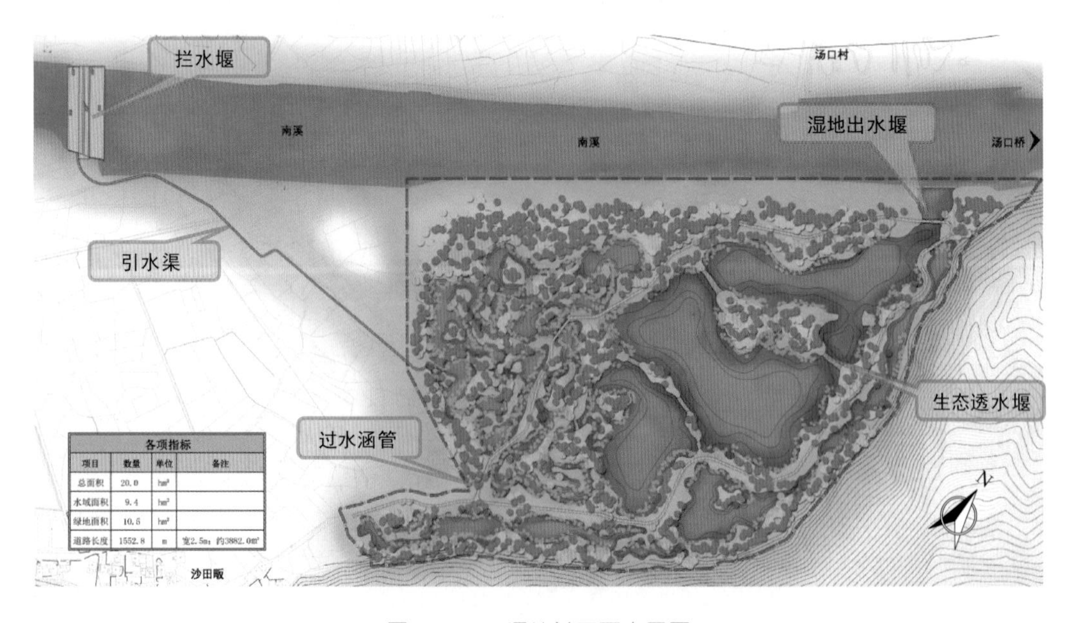

图 3.4-8　湿地总平面布置图

为平衡湿地内开挖的土石方，区块三、区块四、区块五、区块八湿地内共设置了7个景观小岛，各景观小岛与道路之间通过碇步沟通，兼有分隔各区块之功能。

（1）拦水堰。拦水堰布置于湿地上游约400m的南溪主河道上，用于抬高水位，将水引入南溪主河道右岸的湿地。拦水堰结构布置从上游到下游依次为上游生态格网网垫护面、拦水堰堰体、护坦和下游生态格网网垫护底。

（2）引水渠。引水渠进水口布置于拦水堰上游约50m的右岸，出水口接一级湿地入口，渠道基本沿原农渠布置，进水口底高程118.50m，出水口底高程117.80m，渠线全长532m，底坡 $i=0.001316$。

（3）湿地过水建筑物。湿地过水建筑物包括过水堰、过水涵管等。

湿地区块二与区块三之间设过水堰，将区块二水流汇入区块三，堰顶高程117.85m，堰顶宽3m，上下游坡比1∶3，堰顶及下游坡面采用干砌卵石护坡，卵石粒径要求30～35cm，过水堰长约10m。

区块一与区块六间布置过水涵管，进口中心高程118.30m，出口中心高程117.50m，涵管采用C25混凝土预制管，长66m，直径DN500。三级湿地内各区块间布置3处6根过水涵管，涵管采用C25混凝土预制管，直径DN350。

（4）湿地配水。根据现状地形、水流流向，为最大限度地增加水力停留时间，取得较好的水质净化效果和形成较为理想的水面景观效果，将湿地范围在平面上布置成三级湿地共9个区块。一级湿地布置区块一、区块二，为尽量延长水流路径，平面上按曲折狭长形布置，水流路径总长约1300m，平均宽度18m，水面面积23350m^2。二级湿地为宽阔水面，区块三、区块四、区块五水面面积分别为12290m^2、26860m^{2}和10660m^2。三级湿地为原山脚坑洼沼泽地适当布置形成，平面上为长条形，顺水流向长约820m，平均宽度32m，水面面积19270m^2。

湿地设计最大引水流量2.0m^3/s，最小引水流量0.6m^3/s。区块一湿地通过过水涵管将总引水流量的20%分流至区块六湿地，其余水量通过过水堰流入区块三湿地。区块三湿地水流通过3处卵石堆叠成的跌水流入区块四湿地，区块四湿地水流通过2处卵石堆叠成的跌水流入区块五湿地。二级湿地与三级湿地水流于湿地出水口前汇合，通过出水口处卵石堆叠成的卵石滩将全部流经湿地的水流汇入南溪主河道后流进下游水库。

（5）植物配置。在植物的竖向配置上注重植物景观和种类多样性，利用乔灌花、乔灌草的结合分隔竖向的空间，创造植物群落的整体美。在平面空间形态上根据植物配置的疏密对比，达到移步易景，赏心悦目的效果。在植物的季相变化配置上充分考虑植物四季更替和色彩搭配，发挥其干茎、叶色、花色等在各时期的最佳观赏效果，创造“春花、夏荫、秋实、冬青”的四季景观。各区块的湿生植物主要根据其水质净化能力、花色花期、生活习性等搭配种植。选择的水生植物有梭鱼草、黄菖蒲、聚草、再力花、千屈菜、美人蕉、花叶芦竹、黄花水龙、水葱、睡莲、菹草等，见表3.4-4。

表 3.4-4　　湿地植物配置表

名　称	胸径/地径	种植密度	单位	数量	名　称	胸径/地径	种植密度	单位	数量
香樟	10～12cm		棵	73	芒草		4株/m^2	m^2	919
水杉	10～12cm		棵	98	蒲苇		4株/m^2	m^2	1432
垂柳	8～10cm		棵	136	花叶络石		25株/m^2	m^2	1160
合欢	8～10cm		棵	41	黑麦草			m^2	29067
湿地松	8～10cm		棵	62	芦苇		9株/m^2	m^2	1271
乌桕	8～10cm		棵	63	香蒲		16株/m^2	m^2	1191
马褂木	10～12cm		棵	73	再力花		25株/m^2	m^2	566
紫叶李	d7～8cm		棵	87	千屈菜		36株/m^2	m^2	630
白丁香	d4～6cm		棵	98	灯心草		36株/m^2	m^2	398
枫杨	d10～12cm		棵	94	花菖蒲		25株/m^2	m^2	485
毛鹃		25株/m^2	m^2	644	黄菖蒲		25株/m^2	m^2	713
金钟花		9株/m^2	m^2	923	水苏		25株/m^2	m^2	217
云南黄馨		25株/m^2	m^2	539	伞草		16株/m^2	m^2	828
孝顺竹		9株/m^2	m^2	642	水葱		36株/m^2	m^2	534
青皮刚竹		9株/m^2	m^2	473	慈姑		25株/m^2	m^2	1191
紫竹		9株/m^2	m^2	351	荷花		16株/m^2	m^2	1270
蓝花鼠尾草		25株/m^2	m^2	1079	黑藻		64株/m^2	m^2	5342
木茼蒿		25株/m^2	m^2	586	狐尾藻		64株/m^2	m^2	2407

注　d表示地径。

4. 工程效果

湿地建成后效果见图3.4-9～图3.4-17。

图3.4-9　湿地全景

图3.4-10　拦水堰

图 3.4-11 区块一

图 3.4-12 区块二

图 3.4-13 区块三

图 3.4-14 区块五（湿地出水堰）

图 3.4-15 区块六

图 3.4-16 区块八

3.4.3 小结

图3.4-17 区块九

(1) 利用库尾滩地修建前置湿地可治理面源污染、净化入库水质，对防止周边居民利用滩地开垦耕地，威胁供水水质安全具有重要作用。

(2) 库尾湿地应在调查湿地周边自然社会环境的基础上进行统一规划，在确保湿地水质净化功能的前提下，要兼顾其修复景观和改善人居环境的功能，达到生态、环境和社会效益的最大统一。

(3) 库尾湿地竖向布置应结合地形依坡就势，充分利用地形高差实现自流引(配)水，减少永久建(筑)物的设置，减少运行期的维护投入。植物配置首选当地适生的且对氮、磷吸收率强的树种、草种，确保水质净化效果。

3.5 湖泊清淤疏浚——贵阳市阿哈水库环保疏浚

3.5.1 项目背景

阿哈水库地处贵州高原中部，位于贵阳市花溪区金竹社区境内，距贵阳市中心8km。该湖于1958年建坝修库，1960年竣工开始蓄水，1982年水库扩容，并开发为城市饮用水水源。水库校核洪水位1116.13m，总库容6771万m^3；设计洪水位1113.50m；正常蓄水位1110.00m，相应库容5420万m^3，水面面积4.5km^2；死水位1090.00m时，水面面积0.8km^2，死库容275万m^3。

阿哈水库长期以来一直是贵阳市饮用水水源，对维持贵阳生产生活用水起着重要作用。阿哈水库是贵阳市南郊、中曹水厂饮用水主要水源供应地，近20年来，随着人口的急剧增加，工农业生产迅速发展，大量含有较高浓度氮、磷营养物质的城镇污水难以完全得到控制，加之沿湖周边农村面源污染和湖面投饵养殖给湖泊直接带来的巨大污染负荷，对水库本身和下游水体生态环境已构成严重威胁，在条件适宜时随时可能释放迁移而产生“二次污染”，严重时可导致藻类暴发、黑潮、鱼类死亡等突发性水质恶化事件。因此，要想彻底改善阿哈水库水质，更好地发挥和保障阿哈水库的供水与防洪功能，保障贵阳市及周边地区饮水安全和人民群众身体健康，必须开展阿哈水库污染底泥环保疏浚。

3.5.2 底泥污染现状

水库全库区底泥淤积具明显的空间差异性（图3.5-1）。淤泥厚度变化范围为8～76cm，平均厚度约39cm，总淤积量约为130万m^3。水库底泥磷蓄积总量约为

700t，氮蓄积总量约为 2350t，有机碳蓄积总量约为 3 万 t；铁蓄积总量约为 4.8 万 t，锰蓄积总量约为 2000t，硫蓄积总量约为 1700t。

较高的铁、锰含量，加之阿哈水库水深较深（6～25m），底层滞水带水体长期处于缺氧、厌氧状态，容易诱发氮、磷污染物通过沉积物-水界面向上覆水体的扩散（内源释放），表现为较高的释放风险。

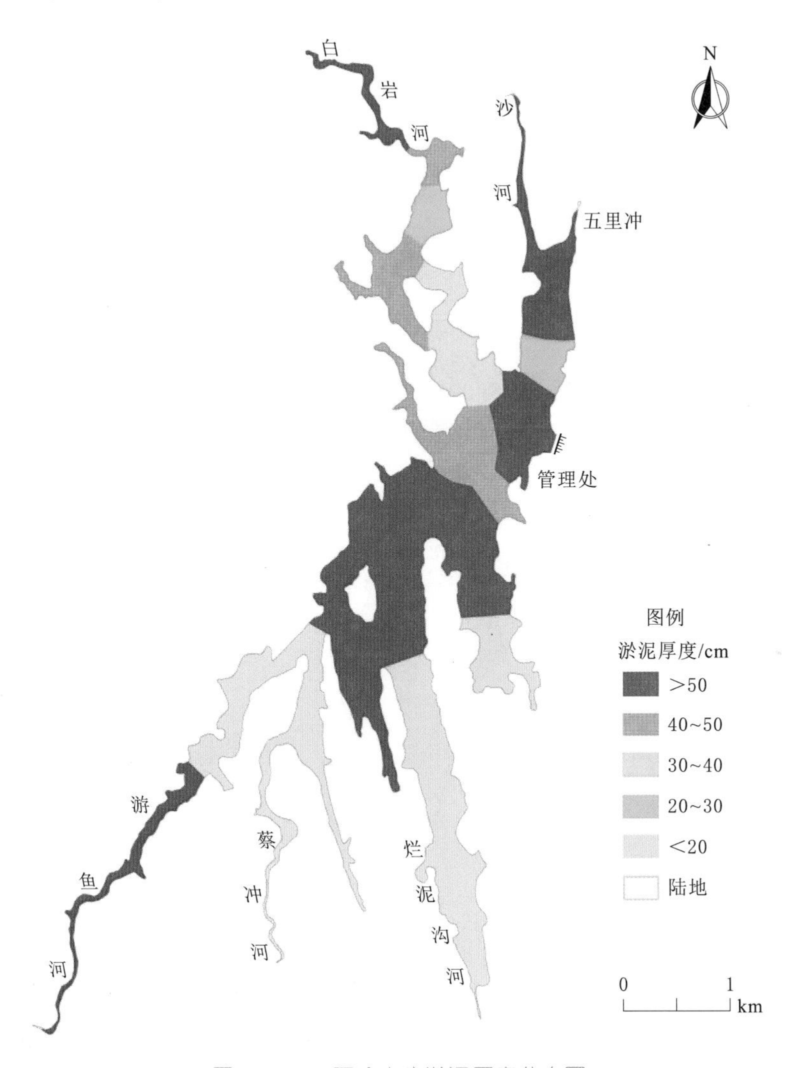

图 3.5-1 阿哈水库淤泥厚度分布图

3.5.3 实验区布置

疏浚实验推荐区位于阿哈水库的中部湖区（图 3.5-2）。该区域水深相对较深，离取水口距离较远，可较好地控制实验区施工对取水口正常取水的影响。该区域的疏浚施工经验对全库区的疏浚方案有指导意义。

经过初步的布置，疏浚实验区南北方向长约 750m，东西方向长约 650m。疏浚实验区面积约为 19.6 万 m^2，底泥开挖厚度约 0.6m，疏浚方量约为 10 万 m^3。同时对疏浚余水进行处理后确保达到地表水三类标准还湖回用，对疏浚产生的污泥进行处置，确保不对环境产生二次污染。

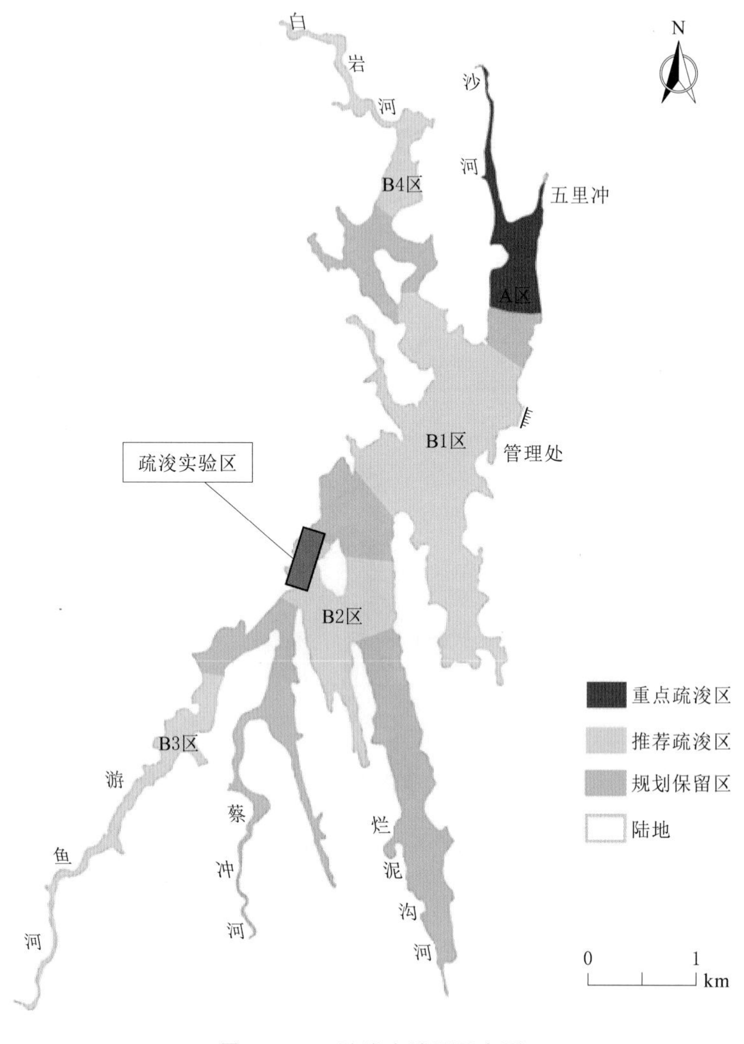

图 3.5-2　疏浚实验区示意图

3.5.4　疏浚方案设计

1. 工艺流程与设备选型

工艺流程见图 3.5-3。

该项目通过对底泥疏浚方法的比较（表 3.5-1），选择采用环保绞吸式疏浚船，长 55.10m，最大船宽 8.53m，船体型深 2.5m，泥泵效率 2500m^3/h，泥泵电机功率 500kW。

清淤区与外界无水路相通，将环保绞吸式挖泥船分解成若干部分，分体后通过

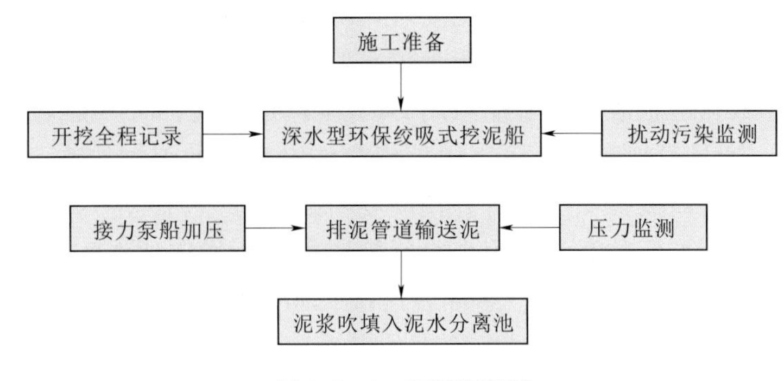

图 3.5-3 工艺流程图

陆运的方式将设备调遣至施工水域，然后再进行水上拼装。

表 3.5-1 底泥疏浚方法比较成果表

方案名称	方案一（普通绞吸式挖泥船）	方案二（环保绞吸式挖泥船）
施工方式	普通绞吸式挖泥船开挖，全封闭管道输泥	环保绞吸式挖泥船吸挖，全封闭管道输泥
疏浚效果	淤泥搅动后容易逃逸	淤泥密封吸挖，彻底清除，效果好
安全评价	全封闭管道输泥，静态干扰小，安全可靠	全封闭管道输泥，潜管技术，静态无干扰，安全可靠
工期评价	设备效率较高	设备效率高，工期有保证
质量评价	开挖精度低，易反复回淤。淤泥清除率在70%左右	密封开挖，精细灵敏，无回淤，质量高。淤泥清除率在95%以上
环保评价	会产生淤泥扩散，造成大面积水体污染	全程监控，噪声小，无水体污染，很环保
余水处理	余水处理量大，成本高	余水处理量小，成本低
结论	比较方案	推荐方案

2. 开挖设计

密封吸挖：采用环保绞刀吸挖技术，避免二次污染。绞刀装配有导泥挡板、绞刀密封罩、绞刀水平调节器等装置，清淤时绞刀外罩底边平贴河床，绞刀密封罩将绞刀扰动范围内的淤泥有效封盖并通过泥泵充分吸入。

分层开挖：共分2～3层开挖，分层开挖厚度控制在30cm以内。开挖厚度是建立在额定转速、泵吸浓度、绞刀净深协调平衡的基础上，避免出现泥量过大产生逃淤，泥量过小产生效率太低的情况。薄层开挖法可保证河底淤泥被充分吸取，同时也有益于提高开挖精度。

限速开挖：在开工阶段实施挖泥船清淤试挖工作，通过开工试挖检测数据，合理设计绞刀转速、横摆速度等施工参数（绞刀转速一般控制在20～30r/min以内，横摆速度一般控制在10～20m/min以内），在河道大面积清淤中严格控制，限速施工，以确保底泥疏浚影响范围达到环保施工要求，降低水质影响。

质量监控：挖泥船上配备有挖深指示仪、罗径方位表、绞刀压力表、浓度显示仪等反应基本操作数据的仪表，装备船采用 GPS 全球定位仪、回声测深仪等测量设备，利用 GPS 定位，通过模拟动画，可直观地观察清淤设备的挖掘轨迹；高程控制通过绞吸挖泥船上安装的声波探测仪进行开挖厚度精准控制。

全封闭输泥：开挖后的淤泥采用全封闭管道输送至指定地点。采用壁厚 6mm 螺旋钢管。挖泥船尾后接少量浮管，浮管后连接长距离水下潜管，再连接岸管入指定区域。全封闭管道输送杜绝了淤泥运输中的散落、泄漏情况，并可灵活选择淤泥堆放地点。同时还可利用水域条件，在湖区内最大程度铺设水下潜管，以降低对环境的干扰影响。

3. 底泥处置设计方案

该工程底泥经机械压滤处理后运至贵州大众合力种植农民专业合作社进行资源化利用。为避免底泥转运对环境造成污染和资源化利用对底泥含水率的要求，参考《生活垃圾填埋场污染控制标准》（GB 16889—2008）中要求污泥经处理含水率小于50%，因此将该工程底泥处置要求含水率由前期实验项目达到 70%（力争达到 60%）提高至低于 50%（力争达到 45%）。

（1）处置工艺。根据该工程底泥特性，采用环保铰刀绞吸上岸后其含水率为95%～98%，同时余水处理场也将产生部分污泥，为确保该项目不对环境（水环境及空气质量环境）产生二次污染。设计采用以下工艺流程（图 3.5－4）对底泥进行处置，底泥处置要求含水率低于 50%（力争达到 45%）。

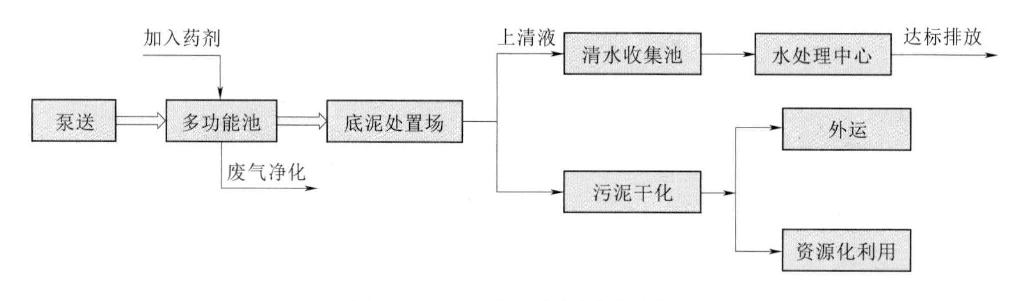

图 3.5－4　底泥处置工艺流程图

底泥处置地位于水库库区东南侧（图 3.5－5），占地面积约为 2.9 万 m^2。场地内布置泥水分离区和余水处理区。其中底泥处置工程建筑物主要有多功能池、污泥处置池、清水收集池、污泥干化区等。底泥处置要求含水率达到 70%。

（2）干化方案。结合类似工程经验，对实验区底泥多次采样分析后，确定采用分级沉淀、分级脱水的方式处理：①颗粒大、沉淀迅速的砂性部分污泥及泥质污泥脱水性好，采用自然干化处理，达到外运条件后外运处理。②悬浮态污泥及絮状污泥脱水性差，需借用外力采用压滤脱水干化。干化后要求含水率达 70%（力争达到 60%）。

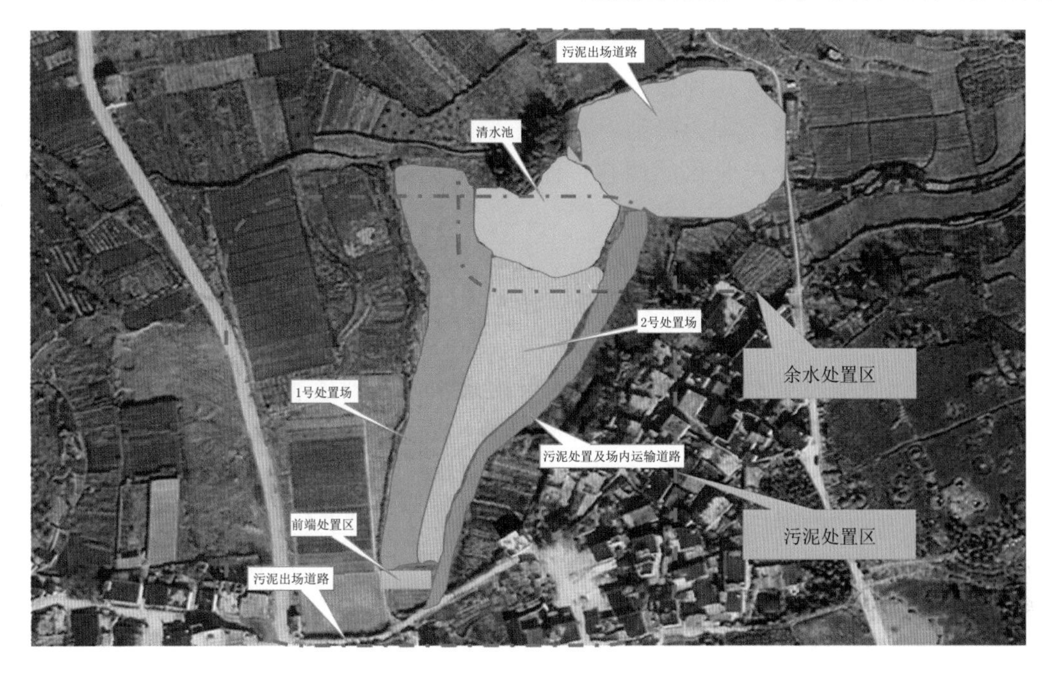

图 3.5-5 底泥处置位置示意图

(3) 底泥资源化利用。本次底泥经固化处理后，用清理公司指定的运输队伍的运输工具将固化后的底泥运至贵州大众合力种植农民专业合作社提供的种植基地，将固化底泥存放在基地的阳光种植大棚内。全程约 5km，场地面积约 20 余亩。运输过程采取封闭式运输，不会对沿途道路造成污染（图 3.5-6）。

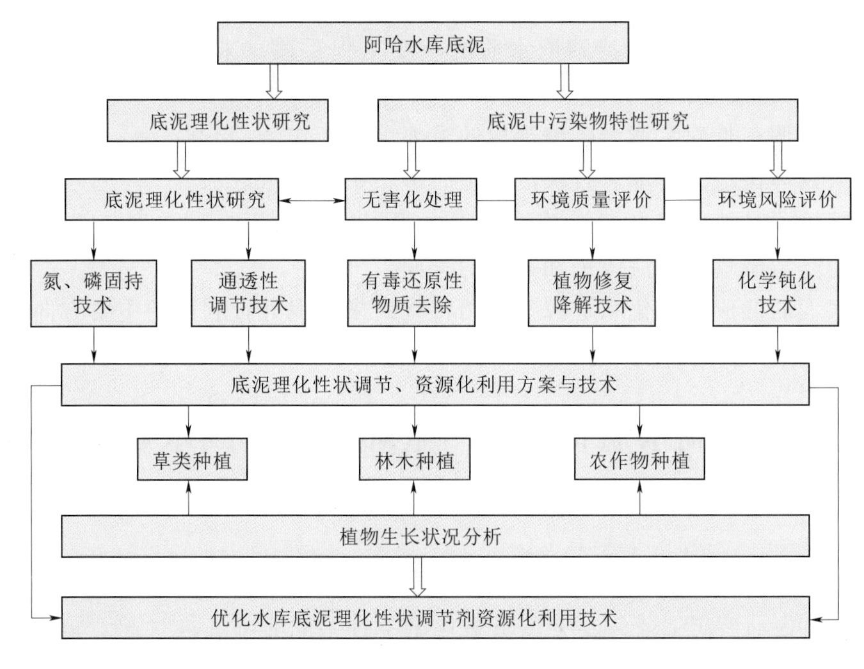

图 3.5-6 底泥资源化利用技术流程图

贵州大众合力种植农民专业合作社在贵州省农业科学院土肥研究所严格的技术指导下，将底泥应用到盆花种植，道路绿化种植及城市绿化种植中，利用底泥替代原土进行绿化工程实施，将会起到对耕地土壤的积极保护作用，同时通过底泥的开发利用，促进库区农业产业化的调整，促进农民增效增收；也为今后的底泥清理提供更有效的处置方法。

（4）余水处理。余水回用水处理总量约 100 万 m^3，日处理量不小于 $5000m^3$。处理余水总磷、总氮、化学需氧量、氨氮、悬浮物体、铁、锰、硫、粪大肠杆菌达到地表水Ⅲ类标准还湖的要求。

根据进水水质及余水处理要求，为确保出水水质达到地表水Ⅲ类标准还湖要求，并考虑应急处理及保障措施，主要运行流程为：清水提升泵→微波系统→配水渠→一级搅拌池（双）→一级沉淀池（双）→二级搅拌池（双）→二级沉淀池（双）→三级搅拌池（双）→三级沉淀池（双）→砂滤池（双）→出水。

除微波系统外，其他功能池均采用双系统运行，在运行过程中能针对水质水量灵活调整运行。

4. 供水取水口保护

水库现在共有 2 处取水口，分别离开挖区距离约 1.7km 和 1.2km。按距离饮用水取水口 200m 范围建立水源保护区，在保护区边界点设置醒目的界桩。为保证取水口水质安全，在周围设置自制拦污帘，拦污帘的顶面位于水面以下 5m，预留过水断面，拦污帘底部和两侧分别与库底和库岸严密紧贴，拦污帘采用土工布软体设施。

3.5.5　小结

（1）底泥环保疏浚是维持湖泊水质的重要工程手段。未来一段时间内将会有一大批湖泊进行类似疏浚措施。

（2）本底调查是确定清淤疏浚规模的重要前置工作。

（3）采用环保疏浚技术进行疏浚施工时可不中断供水取水。

（4）精确测量技术将在清淤疏浚施工中得以较多运用；高浓度疏浚技术以及底泥减量化将是清淤疏浚方法改进和革新的方向。

（5）底泥的低成本干化和资源化利用将是未来底泥处置利用的主要方向。

（6）关注余水处理；关注施工风险防范。

3.6　围垦蓄淡湖水质提升——玉环县玉环湖水质提升研究与试点工程

3.6.1　项目背景

玉环市玉环湖，位于浙江省东南沿海城市玉环市的北部新城，是由蓄淡围垦形成的中型水库。水库流域面积 $166.2km^2$，年入库水量 1.04 亿 m^3，水库总库容 8312 万

m^3，正常库容6410万m^3，兴利调节库容4770万m^3；多年平均可供水量5546万m^3，其水面面积2.4万亩。水域面积约为杭州西湖的3倍，是玉环市不可多得的蓄淡水源地，同时对玉环市的生态环境起到较大的调节作用。

多年来，玉环市经济发展迅速，以漩门湾为中心、由蓄淡围垦工程形成的玉环新城，为响应玉环市全岛城市化、岛城一体化发展要求，加快了建设步伐。但是经济发展和人口膨胀，伴随的是生活污水和工业污水量迅速增加，而截污纳管措施和河道治理工作滞后，使得玉环新城内的玉环湖及上游水系水质持续恶化。上游多处河段水体污染严重，为劣Ⅴ类水体；玉环湖内水生态系统也受到一定程度破坏，生态功能退化，水质恶化趋势日渐显现。开展玉环湖的保护工作势在必行。

3.6.2 研究原则和目标

1. 基本原则

坚持全面、协调和可持续发展原则。协调经济社会发展、水资源开发利用与水生态环境保护的关系，使水资源发挥最大的经济、社会和环境效益。

坚持综合治理原则。重视污染源控制，加快城市污水收集、处理基础设施建设；同时科学研究和建设玉环湖水环境工程设施，实现水环境持续有效地改善。

坚持水环境建设与城市的特色形象塑造相结合。依托玉环海岛城市独特的自然地理风貌，完善水生态空间体系，将水生态与水景观、城市环境建设相互融合，塑造人与自然和谐相处的幸福玉环湖。

坚持水环境工程建设可操作性原则。在筹措水环境工程建设资金时，充分发挥政府的主导作用，积极探索水务市场化运作，推进水资源保护和水环境建设。

2. 目标

（1）总体目标。坚持生态文明和科学发展观，以玉环县总体规划和玉环新城规划为基础，以保证区域水安全为前提，以提高玉环湖水质为目标，优化水系统，改善水环境，保护水生态，建设水景观，传承海岛城市肌理和地脉特色，建立“生态玉环湖”。研究期末玉环湖主要水质指标达到《地表水环境质量标准》（GB 3838—2002）地表水Ⅲ～Ⅳ类标准。

（2）主要分项目标。

1）水系优化目标。适应玉环新城城市化、现代化建设的要求，根据区域水利条件，合理改善水系条件，推进玉环湖水环境有效改善。

2）水生态修复目标。修复已破坏的生态系统，恢复和重建退化的湿地生态系统，提升玉环湖水体承载力，营造良性循环的水生态系统。

3）水资源利用目标。通过综合治理措施，使水质由现状的Ⅳ～劣Ⅴ类改善到Ⅲ～Ⅳ类水质，同时加速水体淡化，为玉环湖尽早发挥蓄淡供水的功能做准备。

4）水景观利用目标。结合玉环县已有的国家湿地公园、农业观光园区等生态资源，进一步挖掘完善水景观资源，加强滨水带建设，形成富有特色、别具魅力、舒适宜人的滨水景观区。

3.6.3　水系优化

1. “盲肠区”水体流通

玉环湖东侧为“盲肠区”，水域面积小，上游来水量小，水体流动性极差，且水下多深潭，水深近20m，水体置换能力差（图3.6-1），导致水质始终难以改善。考虑采取环通、引水等措施加速水体流通。

图3.6-1　引水改善城区河道效果图

环通措施包括与玉环湖东侧的水体进行有限的贯通，以便增强水体的流动性，促进水体自净能力，从而改善水环境。

引水措施包括引水至城区水系河道，一方面可以增强“盲肠区”的水体流动性；另外一方面可以改善城区河道水体水质以及在枯水期的河道生态补水问题。

2. 湖区西南侧湖湾水体循环措施

玉环湖水系见图3.6-2，玉环湖西南侧水质为Ⅳ～Ⅴ类，较西侧其他水域水质略差，初步分析其原因有三：①湖区来水总体水质较差，影响湖内水质。②此处位居玉环湖西南一隅，距离西侧排海闸约1.2km，基本无径流量汇入，水体流动性差。

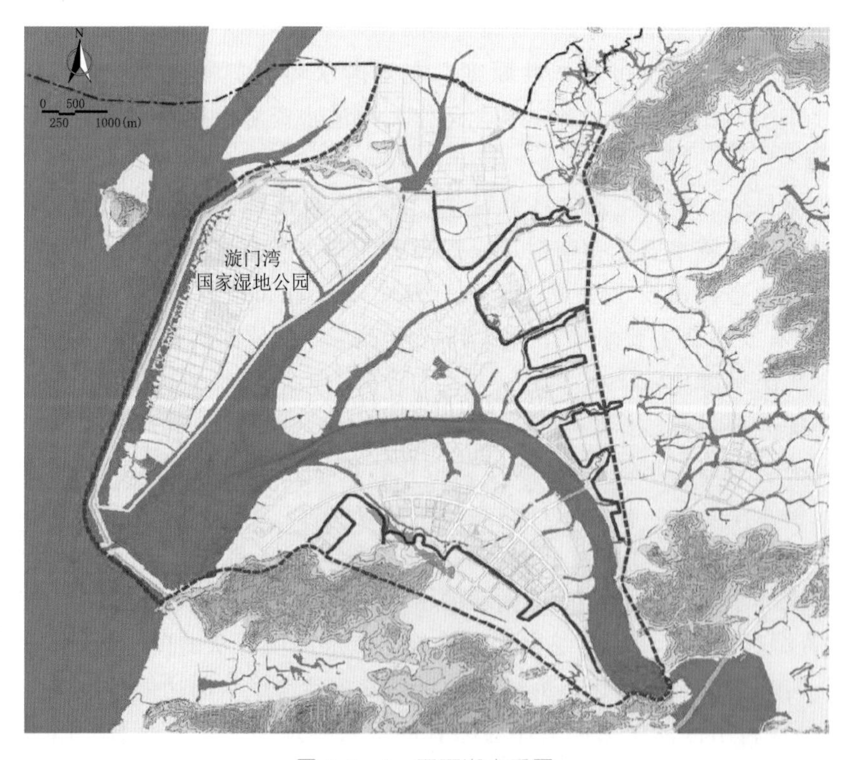

图3.6-2　玉环湖水系图

③该处网箱养殖对水体污染大，水体中有机物含量高，水体自净能力差。玉环湖西南侧湖湾是玉环湖西侧的主要旅游观赏点，改善此区域的水环境，对于该区块旅游业的发展具有重要意义。可考虑在玉环湖西南侧湖湾处采取半封闭循环净化方式，即在此处岸边安装集装箱式水处理设备，用抽水泵将水体提升到水处理设备，经过处理净化，再流回湖区。这样既可加速水体流动，又可提高水体自净功能。

3.6.4 清水入湖

根据“治湖先治河，治河先治污”的水环境治理理念，改善上游河道水质，减少进入湖区的污染物，实现清水入湖，总体规划见图 3.6-3。支流清水入湖要坚持以截污治污为主，以河道水处理为辅的原则。首先重视污染源控制，加快污水收集、处理基础设施建设，同时建设河道水处理等水环境工程设施，实现水环境持续有效的改善（图 3.6-4）。

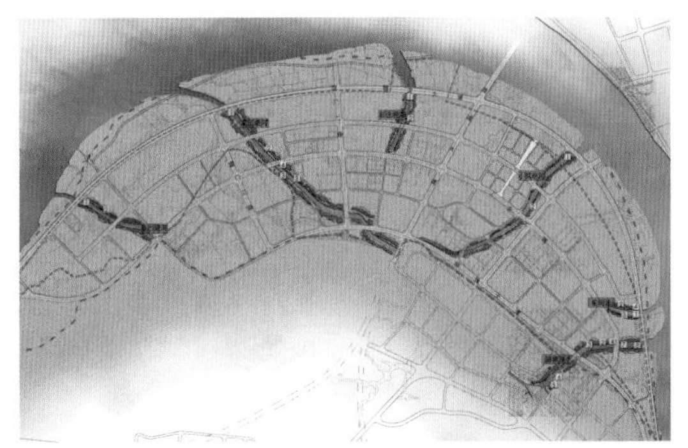

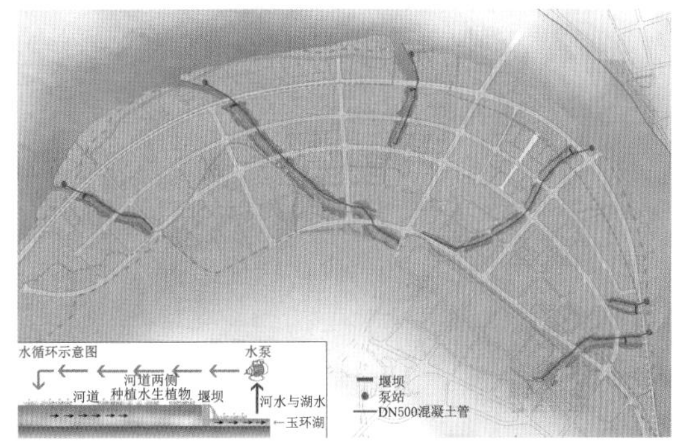

图 3.6-3 南区河道规划图

图 3.6-4 整治试点工程效果图和现场图对比

根据玉环湖支流分布特点、规模、污染程度，分南区、北区和九眼港流域 3 个区域，不同区域，根据各自的特点，采用不同的河道治理措施。

1. 南区河道整治

南区小型河道较多，多为天然冲沟形成，没有控制性水利工程。冲沟主要承纳上游芦浦镇东塘片河道和自身集雨汇水，出水全部排入玉环湖。考虑河道污染程度低，水量少，采用“水循环＋湿地泡”等生态技术改善水质和补水水量。

（1）在河道下游设置堰坝。设置堰坝可有效抬升上游河道水位，减缓流速，增加水面宽度和河道水量，形成水缓流深的河道景观；同时在堰坝上下游形成一定的落差，达到丰富河道景观层次的作用。另外，堰坝可拦截部分河道垃圾、漂浮物等，便于集中清理，有利于河道的保洁及水环境的改善。

（2）在河口设置泵站。设置泵站可满足河道的水循环，加速水体交换，从而提升水质。

（3）在河道两侧浅水区设置湿地泡来净化水质。如果出水需要进一步净化，则可设置湿地泡，将水循环处理过的水引入湿地泡进行二次处理，最终达到清澈见底的效果。

（4）景观设计。景观设计主要通过植物绿化来增加河道的观赏性，通过慢行步道、休憩平台、亲水平台来增加河道的功能性与参与性。随意的地形、多样的植物配置、蜿蜒曲折的道路与驳岸自然曲线相结合，增加河道的整体效果。

2. 北区清水入湖

（1）河道治理措施分类。根据河道水面面积大小和污染程度，北区河道分为两种类型。

1）沿河排放口多、污染程度较重、河道短、水面窄的河道，主要指楚门河系的吴家村河、北门河、楚南塘河、下河头河和滨江河。设计采取“应急措施＋生态修复”的水质改善措施。

2）污染程度相对较轻、河道较长、水面较开阔的河道，主要指同善塘河和前王河。设计应用“现地处理＋生态湿地”等生态处理技术。

（2）北区同善塘河清水入湖治理试点工程（现地处理＋生态湿地）。北区同善塘河是该片最大的支流，承接泗头闸来水和河道两岸的生活、工业及径流污水，经分析采用“现地处理＋生态湿地”的方法进行水质处理。一方面直接收集入河管道污水，截断污染来源；另一方面引取部分河水进行末端处理，这样在现状基础上可最大限度地治理河道污染，提升河道水质。而且，未来城市污水管网完善之后，利用该措施处理河水，用做玉环湖拦截污染物的最后一道屏障，确保支流入湖水质。

试点工程设计规模确定旱季和雨季的污水量分别为 1 万 m^3/d 和 3 万 m^3/d。根据同善塘河水质特点结合工艺的水质处理程度，现地处理选用接触氧化法。工程选址位于同善塘河下游左岸空地，为农业观光园区地块。从泗头闸引水，沿同善塘河敷设管道，并沿途接入污水管，同时沿支流引入一条污水截留支管，承接农业观光园片区的污水，砾间厂出水进入人工湿地经深化处理后的水体直接排入同善塘支流。

工程内容包括污水输水管线工程、砾间处理设施和人工湿地各 1 项。管线工程包括长 3800m 的干管 1 条，管径 DN600，长 700m 的支管 1 条，管径 DN300，以及倒虹吸管 1 座，长 75m，使输水管道跨越同善塘河从右岸转向左岸。砾间处理设施（图

3.6-5）总占地面积约2700m²，其中砾间槽一座分2组，平面有效尺寸为72m×29m（长×宽）；预处理1座单元平面尺寸为10m×8m（长×宽），亦采用全地下结构；鼓风机房兼控制值班室1座，平面尺寸为12m×10m（长×宽），采用地上结构。人工生态湿地采用复合垂直流人工湿地，是一种具有独特下行-上行流复合水流方式的湿地系统。湿地植物的配置以芦苇、香蒲、水生美人蕉、旱伞草、再力花为主。

图3.6-5　现地处理砾间厂布置图

3.6.5　湖滨水生态修复

1. 治理思路

玉环湖生态治理总思路为：通过实施试点生态工程，改善试点工程区域的基础环境和生境条件，恢复与创建水生植被，建立稳定和良性的生态系统，利用各种生物净化方法和物理、化学方法相结合，达到改善水质的目的，并最终推广应用于玉环湖水体的总体生态治理。

2. 水生动物控藻系统构建

玉环湖水体中底栖生物种类少，都是典型的耐污性物种，个别水域未检出底栖生物。玉环湖底质生境非常恶劣，不适合多数生物生存。故对于玉环湖底质进行生态修复，前期不适合进行螺、贝等生物的增殖放流。从控藻角度而言，适宜采用小型网箱挂养螺贝的方式，以降低水体的叶绿素a的含量。但贝类也易受环境影响，因此要控制好投放密度。

玉环湖水生动物控藻的总路线为“合理优化鲢鳙鱼养殖，防控蓝藻水华暴发；适时投放浮游动物，控制小型藻类暴发；局部挂样贝类，清除死角藻类”。

湖区控藻工程遵循“先试验，后应用”的原则，分3个阶段：小试实验、中试实验以及全湖调控。其中示范工程包括小试和中试阶段，工程位于湖区坝址处，小试实验面积约为 7 亩，包括围隔建设、浮游动物培养场建设、鱼类围隔控藻试点及底栖生物网箱控藻实验，中试实验范围扩大，实证小试结果并进一步优化实验。

3. 生态湿地建设

保持湿地良好的水环境是发挥湿地重要作用的前提。主要优化策略有如下几方面。

（1）建设湿地（植被）观测站点，加强湿地生态研究。

（2）进一步关注芦苇生长与土壤关系。应经常对湿地土壤中的氮、磷、钾的含量进行检测，对土壤进行必要的改良，调整营养盐的比例，促进芦苇的生长。此外，因为玉环湖上游有大量工厂存在排污现象，湿地土壤中可能含有重金属离子等有毒有害物质，应对其做相应检测，以免影响芦苇生长。

（3）关注水位与芦苇的关系。在芦苇的生长管理中，根据芦苇的需水规律，实施排灌（一般是“三排三灌”）提高芦苇的存活率和产量。

（4）芦苇病害及防治。

（5）对湿地植物进行合理收割。

（6）增加湿地植物覆盖度。

（7）系统专业的管理。建议组建专业的管理团队或交给熟悉水生植被生态学的专业公司进行管理和维护。

4. 滨水景观带和生态带建设

建设良好的滨水生境不仅仅有美化环境的作用，更重要的是具有净化水质的功能。在城市滨水沿岸地带种植滨水植物会使水质清澈、水体生态稳定，并且能够美化水体景观、净化水质、保持河道生态平衡，可见，滨水植物具有重要的生态恢复功能。因此可结合玉环新城岸线生态现状，综合考虑城市发展对岸线利用功能的要求，建设玉环湖滨水生态带。

在湖面比较宽阔、风速较大以及水体较浑浊的岸线宜种植坚挺的挺水植物，以起到防风消浪和加速悬浮物沉淀的作用；在重金属等污染较严重的区域种植耐污性强且具有较好吸收吸附作用的物种；在水质较好的地区则以观赏性好的物种为主。在注重功能作用的同时，还要注重整体格局的布置。

水生植物根据净化功能进行功能区的划分，不同的景观功能区布置不同的水生植物，达到净化水体与景观协调相结合的效果。本次主要分了 8 个区域，分别为 A 区科普教育区、B 区自然野趣区、C 区原生芦苇保护区、D 区水上垂钓区、E 区水上游览区、F 区水生植物精品园区、G 区湖景主题区、H 区湿地探索区。

3.6.6　智慧玉环湖

智慧玉环湖设计考虑分期实施。第一期以玉环湖为纽带、以水为核心，初步形成一个数字化、信息化的智慧型生态湖，为广大市民和管理者提供有效、科学的信息。第二期以玉环湖为核心逐步形成一个数字化、信息化和规范化的智慧型生态湖及市政管理体系，为城市管理者、广大市民、园区内的企业等提供高效服务。后期可根据实际需求，进一步研发各类管理模型，完善管理控制中心的管理控制信息平台，并完善扩充各子系统、补充新的子系统。同时力争以生态环境为前提，发展生态、观光、休闲、养老、科研、科普、生产为一体的智慧产业链。

3.6.7 小结

（1）玉环湖是一座堵港蓄淡水库，通过径流来水不断进行蓄淡过程，目前仍是亚海水性质，水质、底泥和生态状态区别于内湖水体，有必要对水环境各要素进行长时间的跟踪监测与调查，关注其发展变化趋势，实时评估水环境问题和风险，为保障玉环湖生态系统提供依据。

（2）玉环湖作为城市区域内水体，上游汇雨面积大，污染源复杂，专题针对入湖支流采用“治湖先治河、治河先治污、分片分阶段、先试点后全面实施”的治理思路，首先从根本上截断排向水体的污染源，减少排入水体的污染物含量，同时通过建设生态型河流，并结合一定的河道水处理、生态修复等水质改善措施，恢复健康的河流生态系统，极大地保障入湖水质。

（3）引入智慧管理思路，建立智慧玉环湖综合服务管理控制系统，涵盖水环境、市政设施管理和智慧产业建设内容，可通过分期实施，逐步形成。

（4）针对蓄淡湖区水生态问题，从玉环湖湖区当前的水生生物（藻类、浮游动物、底栖生物）和水质富营养状态的本底调查评估出发，提出水生动物控藻生态系统构建、生态湿地建设、沿岸滨水景观带和生态带建设以及管理体系构建等内容，为今后玉环湖湖区生态保护和水质提升提供指导意见。

（5）研究成果和试点工程的有效实施，对于浙江省沿海城市围垦而成的蓄淡湖泊水库和城市湖泊的水环境水质提升及综合治理具有极大的参考价值和借鉴意义。

第4章 流域与区域综合治理工程实例

4.1 长距离引水改善区域水环境——杭州市钱塘江引水入城工程

4.1.1 项目背景

杭州市自20世纪80年代以来，随着国民经济迅猛发展，大量未经处理的生活污水、工业废水直接排入河网，严重污染河网水环境，水质情况逐渐恶化，河水开始发黑变臭。目前，杭州城西河网水质大部分处于Ⅴ～劣Ⅴ类，与杭州市提出建生态城市、国际花园城市是极不相符的。

钱塘江引水入城为杭州市“十一五”期间重点工程，也是一项生态建设工程。工程从钱塘江引水至杭州城西，可有效改善杭州市城西特别是运西片水环境，并为西溪国家湿地公园提供优质水源。

工程主要由取水枢纽、上游输水渠道、倒虹吸、输水隧洞、出口节制闸与泵站、下游输水渠道、连接河道等建筑物组成，工程线路总长约12km。

钱塘江引水入城工程采用重力流无压方式引水，即依靠钱塘江至运西片河网的自然落差来输水，这是该工程的一大特点。无压输水虽然增加了工程难度，但节省了大量运行电费，对该工程社会公益性来说无疑是很有好处的。

4.1.2 设计目标和原则

1. 设计目标

设计目标是为解决杭州市城西地区的环境用水问题，为西溪湿地提供优质源水。

2. 设计原则

(1) 工程设计的精品原则。

1) 工程本身必须满足各项功能要求。

2) 工程建设应充分考虑结合景观。

(2) 工程建设的生态原则。

1) 工程建设实施必须符合环境保护和水土保持的要求。

2) 使工程本身成为一个生态工程。

4.1.3 工程总布置

杭州市钱塘江引水入城工程位于杭州市城西。工程取水口位于钱塘江边九溪大刀沙，沿线经过西湖区转塘镇、龙坞镇、留下镇后接入西溪湿地，最终汇入城西河网与京杭运河。

钱塘江引水入城工程主要由取水枢纽、上游输水暗渠、倒虹吸、输水隧洞、出口节制闸与泵站、下游输水暗渠、连接河道等建筑物组成，工程线路总长约 12km，设计引水流量 $25m^3/s$（图 4.1-1）。

图 4.1-1 钱塘江引水入城工程示意图

取水枢纽包括引渠（图 4.1-2）、取水闸（图 4.1-3）和沉砂调蓄池（图 4.1-4）3 部分。引渠段采用喇叭口型式，引渠长 80m。取水闸净宽 2 孔×6m，取水闸工作门采用两道钢闸门，互为备用，油压启闭。沉砂池长 340m，宽 90～175m，有效库容约 7 万 m^3，沉砂调蓄池正常运行水位 4.00m。

上游输水暗渠（图 4.1-5）总长 1984m，单孔净空 5m×5m。倒虹吸位于上游渠道段的后部，穿越上泗沿山河及之江路，总长 162m，中间为两根直径为 3.8m 的虹吸管，两侧为深 10～12m 的竖井。

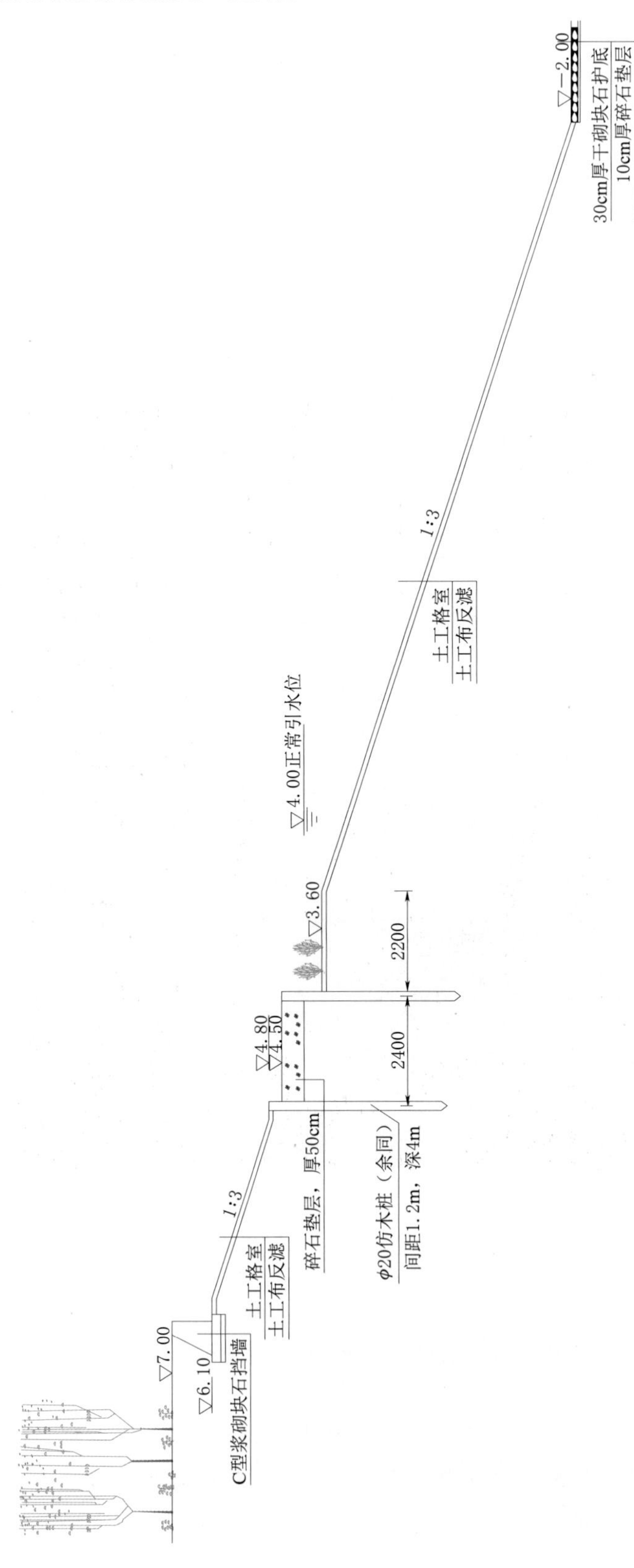

图 4.1－2　引渠结构图（单位：高程为 m；其余为 mm）

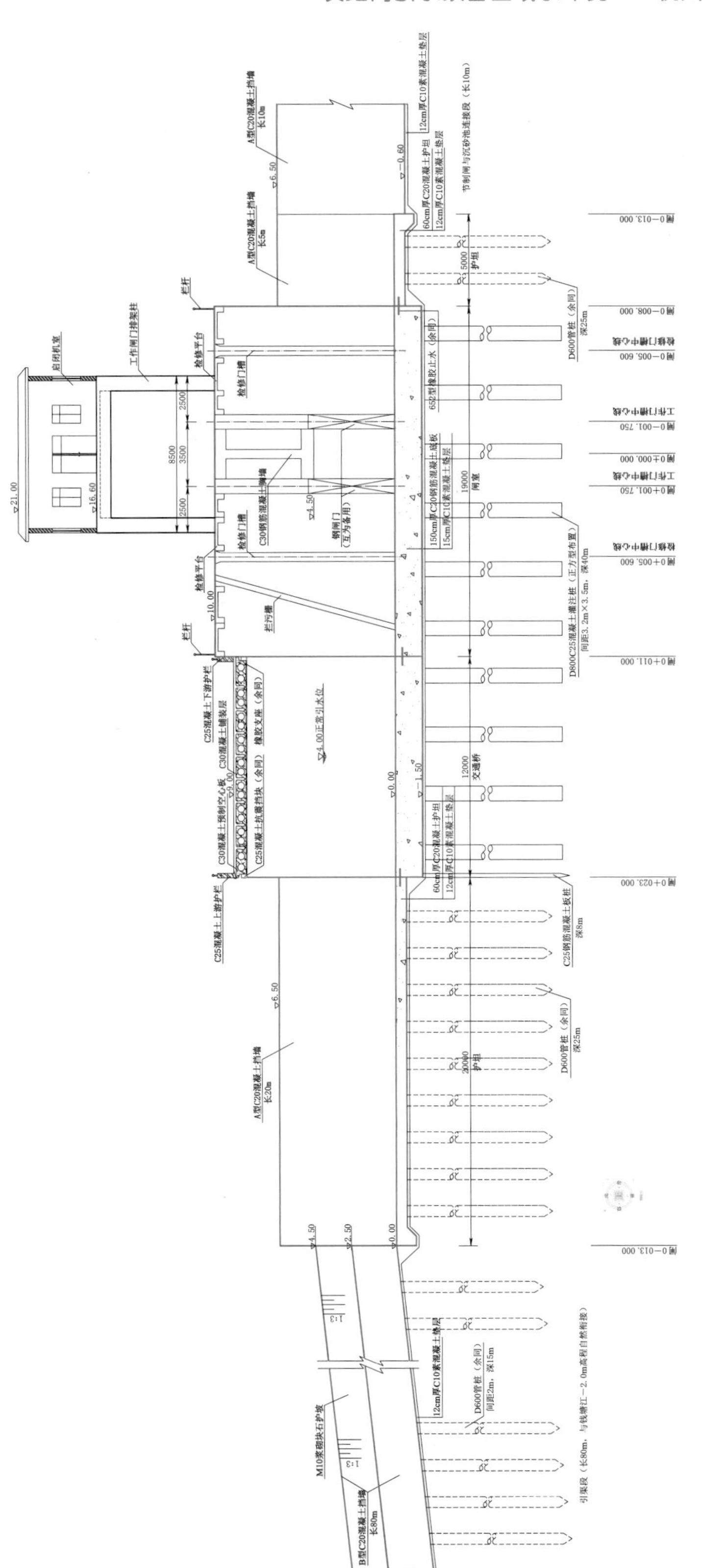

图 4.1－3　取水闸结构图（单位：高程为 m；其余为 mm）

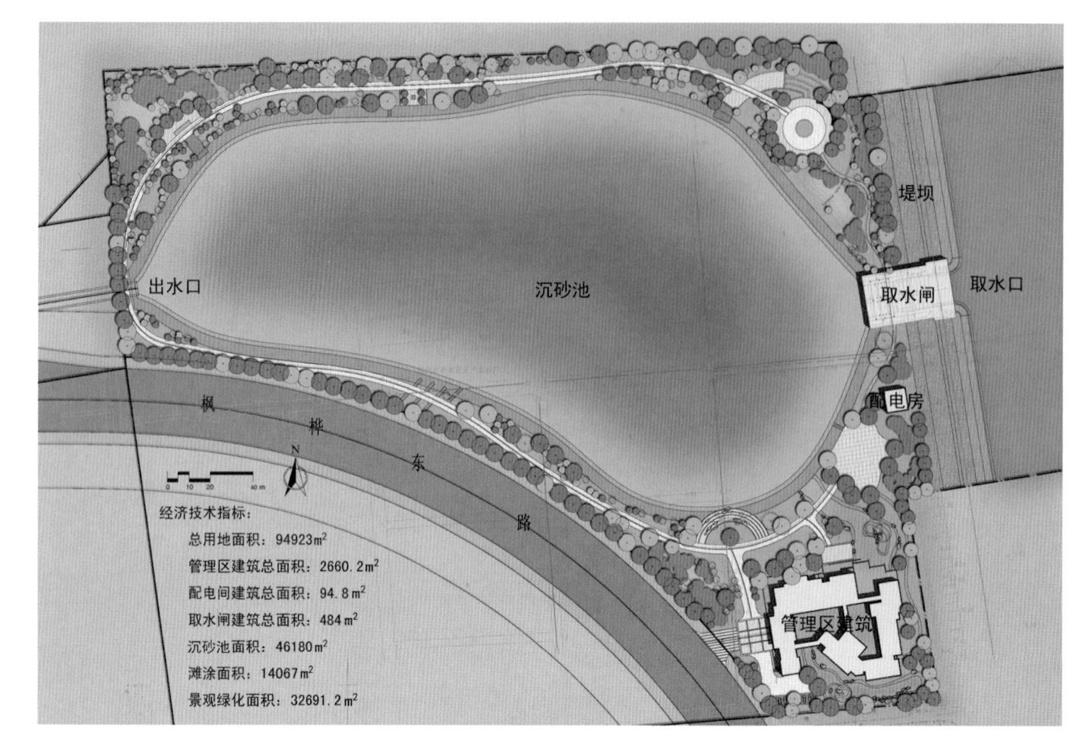

图4.1-4　沉砂调蓄池平面图

输水隧洞（图4.1-6和图4.1-7）进口位于梵村桃桂山，采用无压输水，洞线沿北偏西方向至大清谷白虎湾折向北偏东，至大清里东北侧毛竹湾后再折向西北至小马山出洞，洞线全长8022m，采用马蹄形断面，净内径5.3m×5.4m，采用C30钢筋混凝土衬砌。另外在中国农业科学院茶叶研究所、大清谷元坞以及东穆坞村附近设3条施工支洞，施工支洞也作为运行期的检修通道。隧洞出口设23.5m深的竖井用于施工出渣，并结合布置节制闸与泵站。

隧洞出口节制闸和泵站结合竖井布置（图4.1-8），节制闸为1孔6m，孔口尺寸6m×4m（宽×高），设一扇钢结构工作门。节制闸两侧各设两台2200m^3/h抽水能力的潜水泵，扬程28m，用于隧洞检修时放空。

节制闸出口接下游输水暗渠（图4.1-9），从单孔净空6m×4m渐变为两孔净空5m×3.5m，总长457m。下游输暗渠接入东穆坞支流，现状东穆坞支流需进行改建，改建后河宽13.5m，底高程0.00m，改建段长度842m。

钱塘江来水经过东穆坞支流、沿山河，最终汇至五常港，由此以下，通过配套工程，可将水流引入运西片、京杭运河，乃至整个杭嘉湖平原。

整个工程调度监测中心设于取水枢纽区，维护抢修中心设于工程出口区的留下镇，各支洞口设置维护站。元坞支洞区还设置了水文化演展中心。

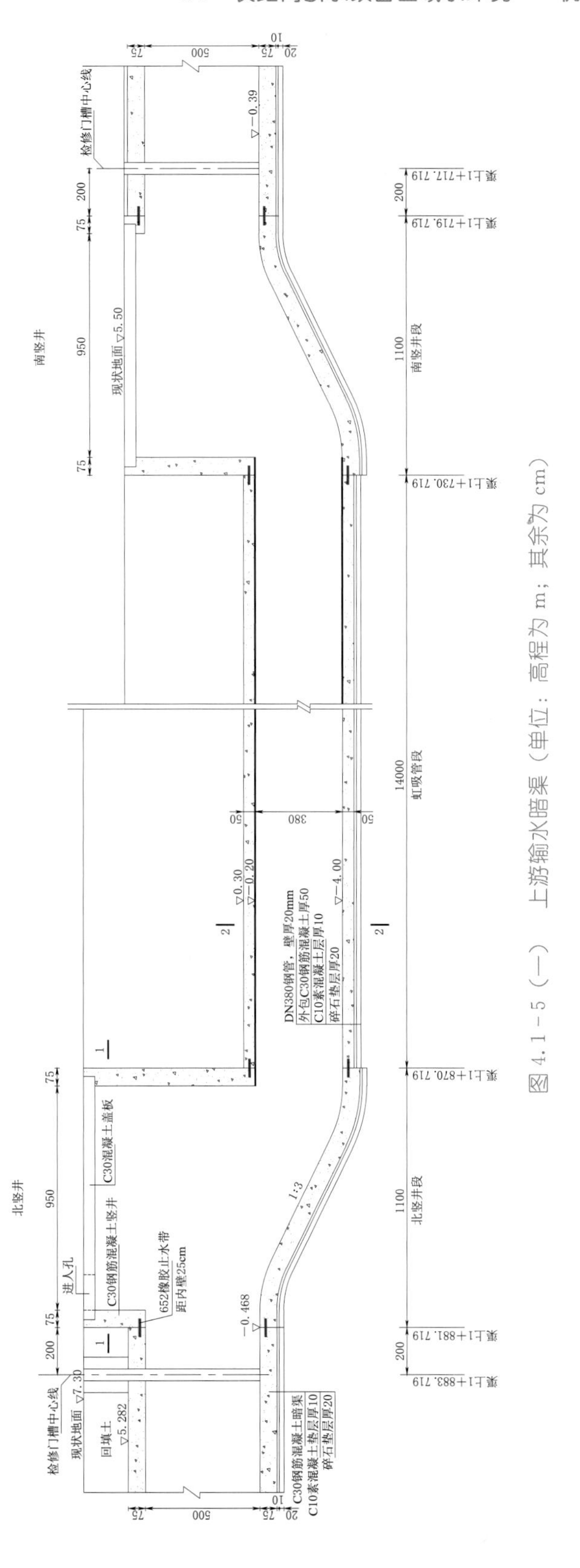

图 4.1－5（一） 上游输水暗渠（单位：高程为 m；其余为 cm）

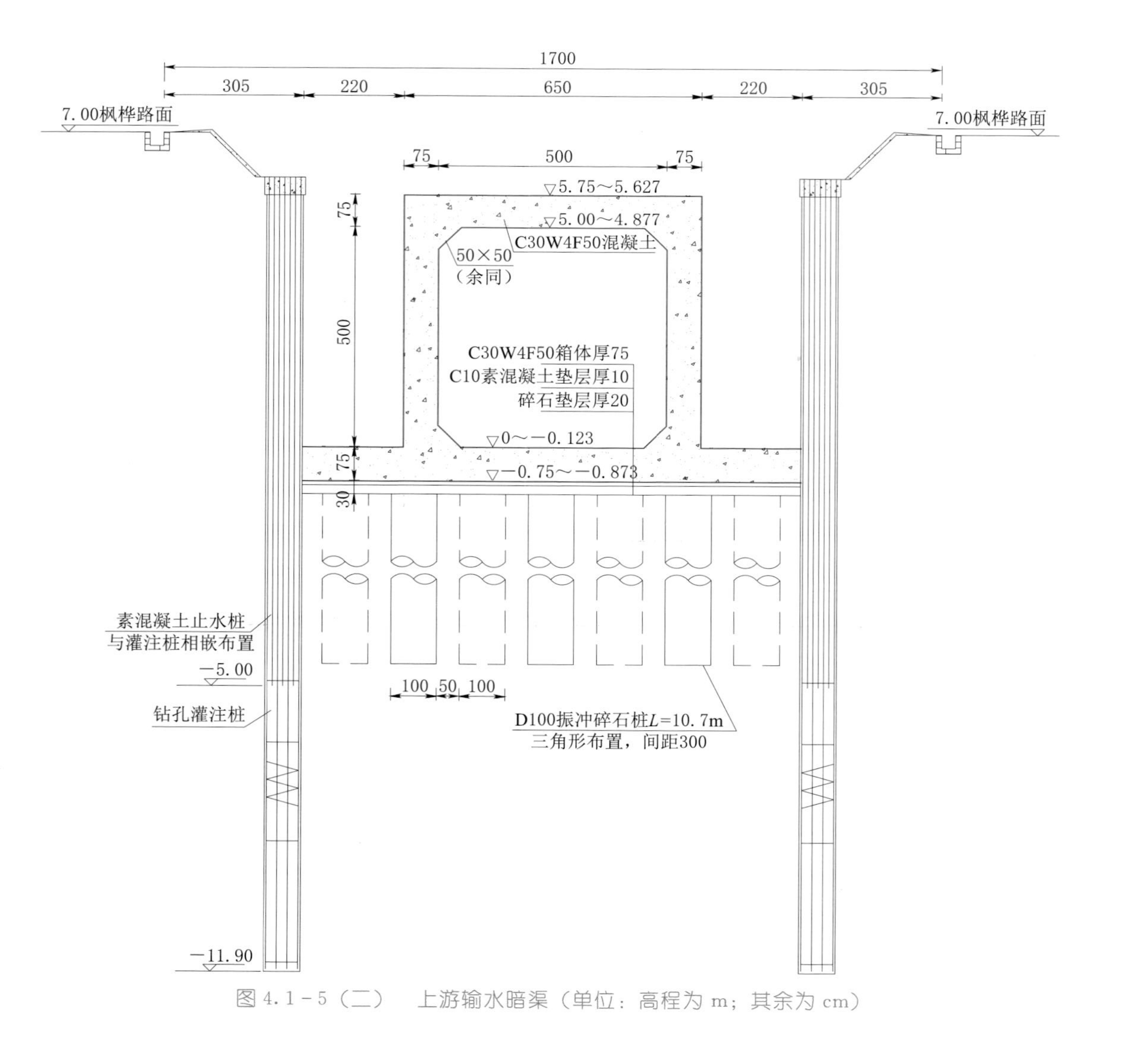

图 4.1－5（二）　上游输水暗渠（单位：高程为 m；其余为 cm）

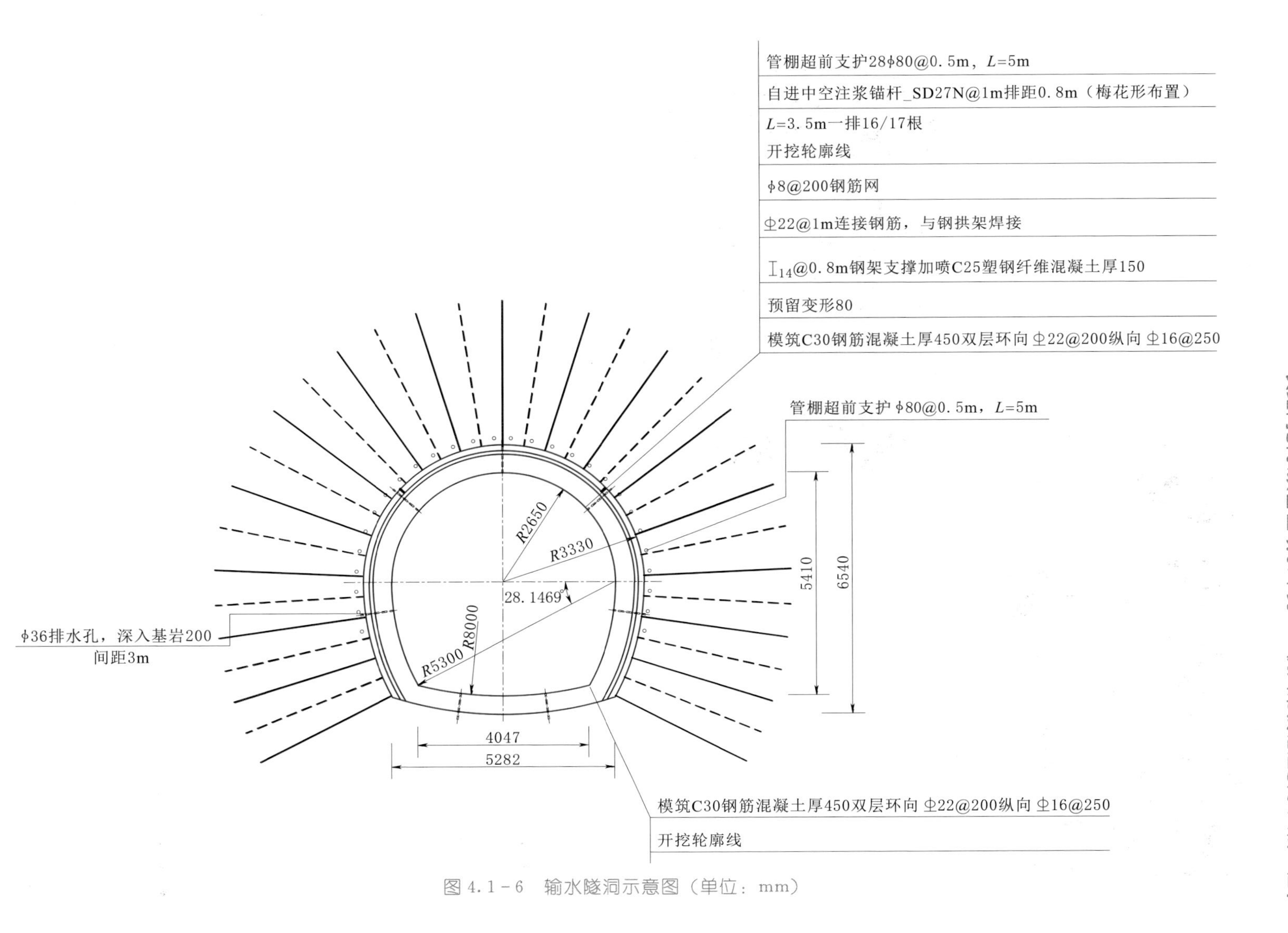

图 4.1-6 输水隧洞示意图（单位：mm）

图4.1-7　输水隧洞现场照片图

4.1.4　工程效果

钱塘江引水入城工程最大特点是采用重力流无压引水方式，即依靠钱塘江至运西片河网的自然落差来输水。无压输水虽然增加了工程难度，但节省大量运行电费及设备维护费用，充分体现了环境保护的设计理念。该工程可行性研究已获得国家咨询成果二等奖。

钱塘江引水入城工程每年可将3.9亿m^3优质钱塘江水引入城西。西溪湿地、城西河网、京杭运河乃至整个杭嘉湖平原都将成为该工程的受益者。工程直接受水区面积达750km^2。钱塘江引水入城工程对改善杭州市河网水环境，加强城市生态建设具有重要意义。工程总投资9.212亿元，工程效果见图4.1-10～图4.1-13。

4.1.5　小结

（1）环境引水有“不得已”的成分，不是每个地方都适合。

（2）项目利用水系自然落差输水，低水位取水保证率低。

（3）关注泥沙、浊度问题以及工程淤积特性。

（4）受水区河网配套工程及调度是确保受水区效果的重要组成部分。

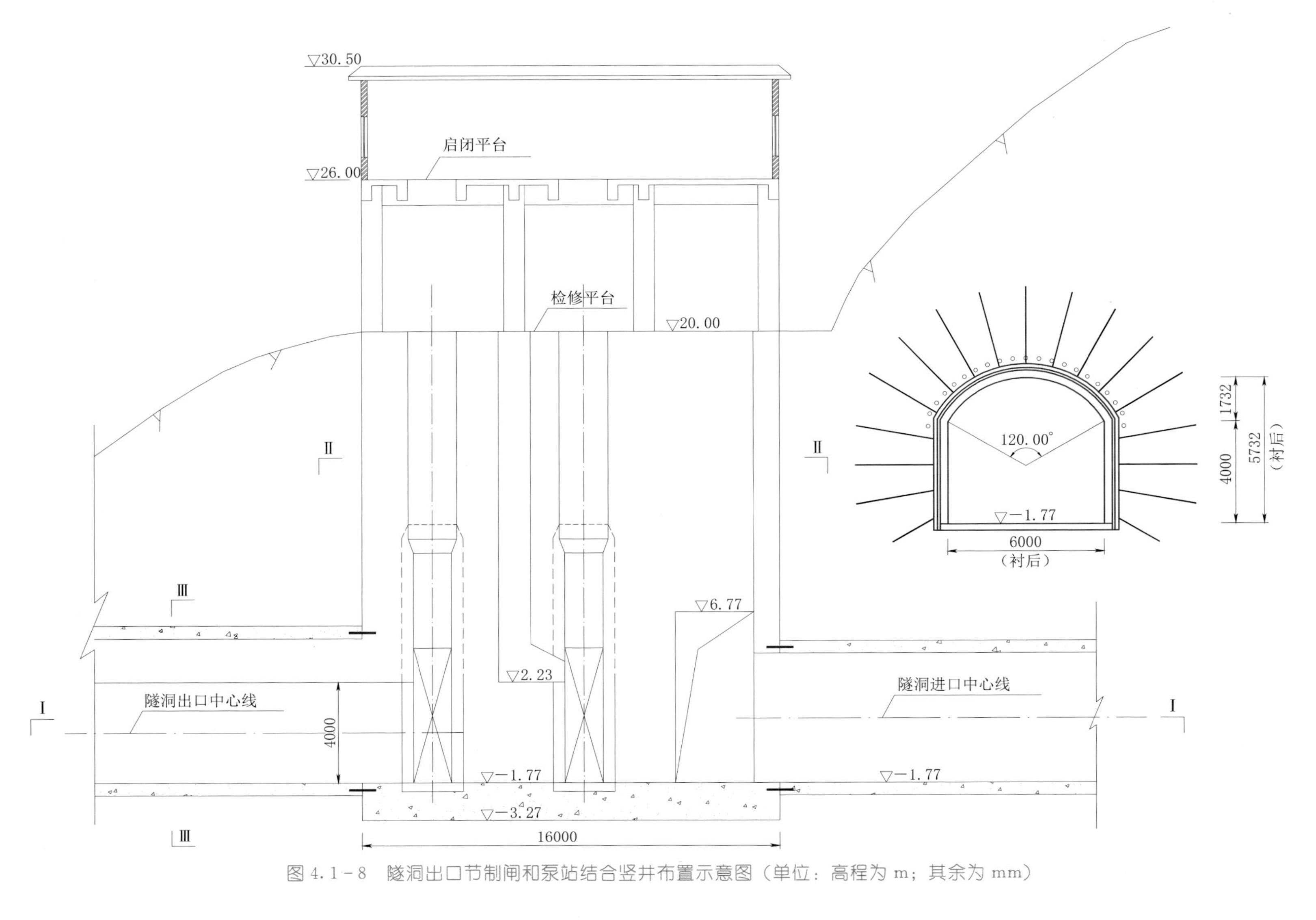

图4.1-8　隧洞出口节制闸和泵站结合竖井布置示意图（单位：高程为m；其余为mm）

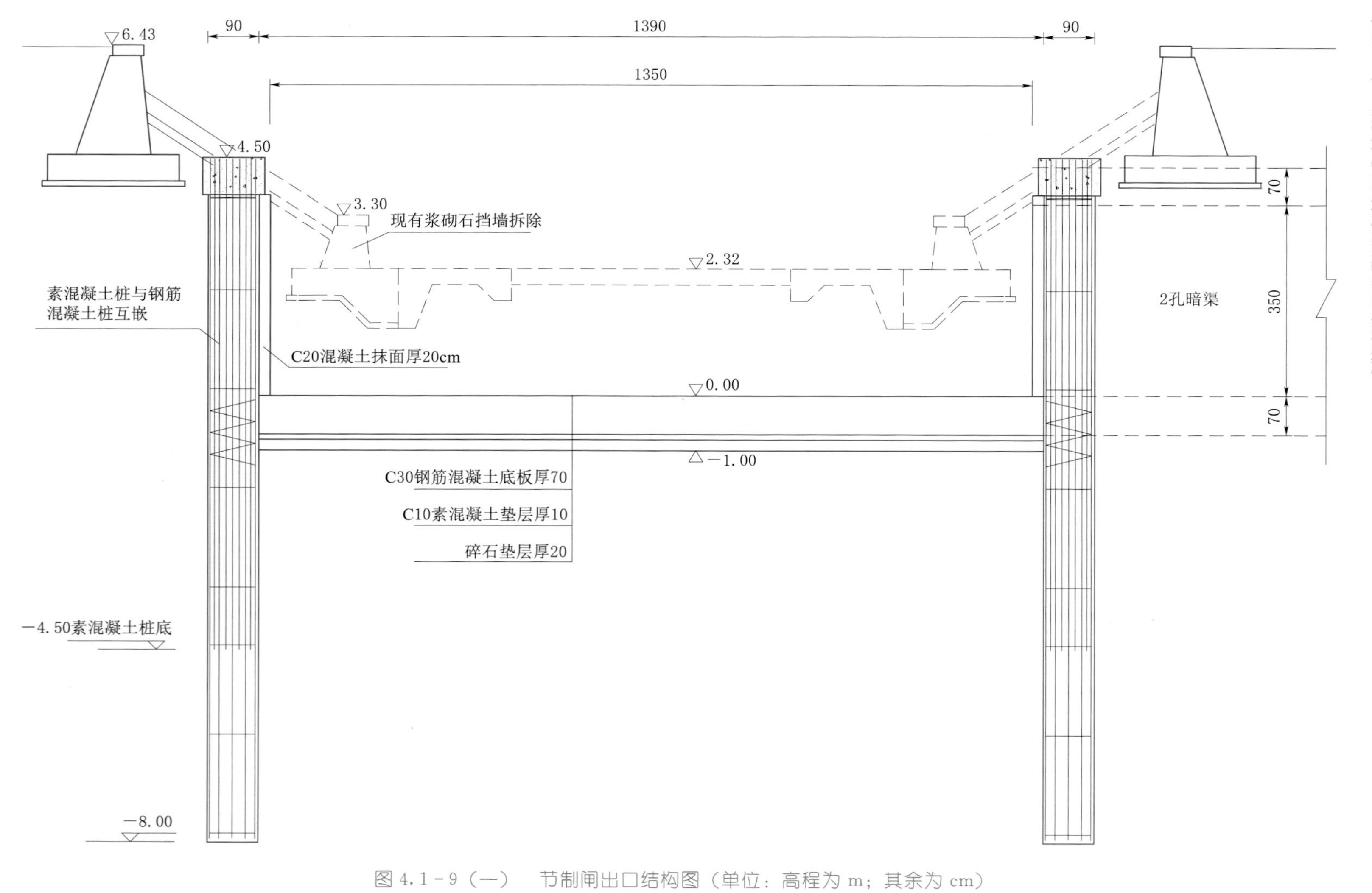

图 4.1-9（一）　节制闸出口结构图（单位：高程为 m；其余为 cm）

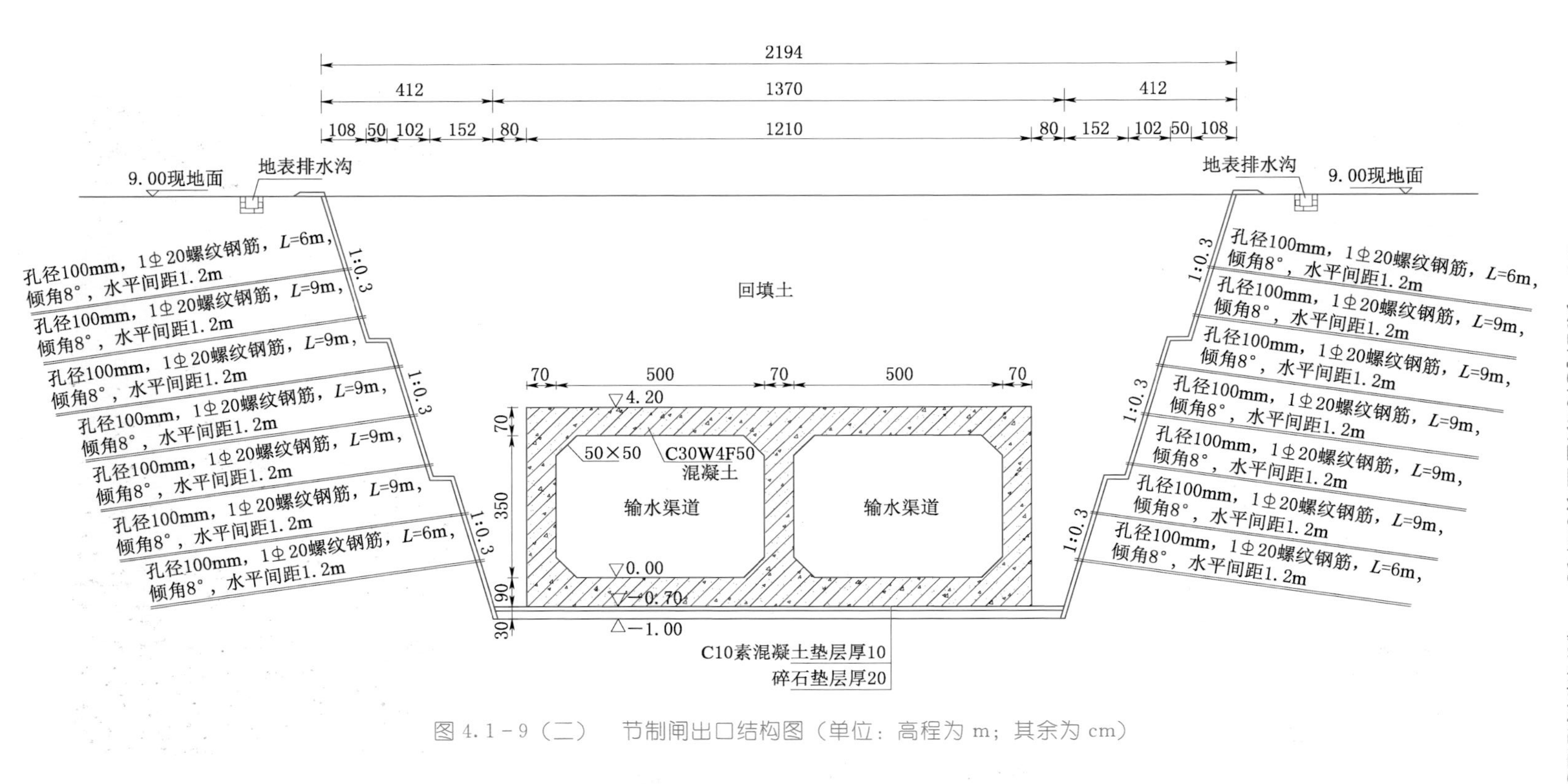

图 4.1-9（二） 节制闸出口结构图（单位：高程为 m；其余为 cm）

图 4.1-10　治理后湿地面貌

图 4.1-11　取水枢纽区调度检测中心效果图

图 4.1-12　水文化演展中心鸟瞰图

图 4.1-13 出口维护区维护抢修中心透视图

4.2 流域生态保护与城镇发展——安吉县西港溪综合治理

4.2.1 项目概况

西港溪位于安吉县城西北分区内，是安吉县城未来发展中心。河道总长 18km。西港又称西港溪，为西苕溪支流，历史上曾经是西苕溪的主河道。根据《杭嘉湖区域综合规划》，河道整治及堤防工程中西港溪分支工程规划从新港口引水，分流西苕溪干流洪水，减轻城市中心的防洪压力。

4.2.2 现状问题

根据对项目场地现状的调研分析（图 4.2-1），提出以下问题。

（1）河道平时缺水，水体流动性欠佳，局部河段有富营养化情况。需要从西苕溪干流生态补水。

（2）农田灌溉需求。需要修复一些堰坝与渠道并结合绿道进行美化，需要修复一些传统灌溉提水设施并作为景观装置。

（3）中下游河段因采砂河道生态环境有所破坏，需要进行河道生态修复。

（4）下游河口洄水河段有防洪问题，需要对洄水堤进行加固。

（5）因西苕溪干流改道，西港溪部分河段生态环境有所退化，部分堤防已经失去作用。可以引入小洪水冲刷河道，部分堤防在评估后可以降低改造。

（6）城市发展的滨水空间扩展需求与河道生态环境保护需要相协调。需要规定滨水空间利用的原则，需要有一条贯通的绿道，需要基本确定河道边界。

图4.2-1　西港溪现状分析示意图

4.2.3　工程总布局

1. 工程定位

工程以生态修复、防洪为主，兼顾灌溉与滨水景观。

2. 建设内容

工程总平面布置见图4.2-2，主要包括以下建设内容。

图4.2-2　西港溪平面布置示意图

（1）生态修复工程：主河槽、滩地整理与修复共计52hm²。河道主槽修复：坚持“让大自然做工”原有河道功能已退化，通过小洪水重新塑造河道健康面貌，修复河床自然形态，营造浅滩深潭。

（2）水安全工程：在河口处新建生态洄水堤6.5km，河道部分沿线新建防冲堤8.25km，老堤改造13km，新建新港闸站1个。通过闸站引入生态流量和对小洪水分流控制。根据引水及洪水规模评估结果，可对局部段老堤进行改造隐化，其余部分保留现状。工程为降低老堤高度，采用自然缓坡入水做法，适度进行景观地形的塑造。

（3）水环境工程：堰坝改造500m，渠道修复500m，水轮泵站改造4个，机埠房改造12个。沿河雨污处理设施20个，局部LID技术试点。工程注重水利设施的景观化处理，突出本土特色性和文化性，打造具有水利文化寓教于乐的特色景观节点。

（4）滨水空间利用及绿道工程：建设水文化景观节点等约5hm²；植被修复108hm²；绿道18km。总体河道功能分为五大区（图4.2-3）：生态保护区、生态修复区、水文化景观营造区01、水文化景观营造区02、防洪治理区。

根据现场调研，场地内绿道布局形式主要分为堤顶穿林型、沿坡临水型、跨水栈道型和临路借道型四种形式。

图4.2-3 西港溪功能分区示意图

4.2.4 小结

（1）河流的治理要遵循问题需求导向。

（2）滨河城镇的发展要与河流生态保护结合起来，优先保护。

（3）洪水是河流生态系统的组成部分，没有洪水河流就会退化。

（4）生态补水是改善河流水环境的重要手段。

（5）挖掘水利设施的景观功能。

（6）河流治理的方向：防洪治理→生态治理→人水和谐。

4.3 小流域系统治理——三门县海游溪流域综合治理概念方案

4.3.1 项目背景

为贯彻落实习近平总书记提出的新时期科学治水思路，突出“山水林田湖是一个共同生命体”，三门县以“五水共治”为契机，围绕“两美”浙江战略，进行了大力的水生态文明建设。

毗邻亭旁镇区的南溪属海游溪流域亭旁溪支流之一，交通便利、山水生态基地优越，红色文化源远流长。在近年来亭旁镇提出的重点打造“台州市重要的红色旅游城镇”和“三门县近郊型山水宜居重镇”旅游战略的背景下，作为城市活力中心及重要生态基底的南溪综合治理显得越加刻不容缓。

4.3.2 现状问题

水安全：治理河段上游河道发生两次较大偏转，流态复杂，沿线存在历史上裁弯取直的现象，存在多处直立式堤防，冲刷严重。

水生态：自然河道的“浅滩深潭”已不复存在；近水岸植被缺乏局部段地表裸露，有水土流失的现象。

水文化：丹邱寺——亭旁起义、星火燎原的红色文化及慈光普照、静心修身的佛教文化；铁场村——特色民居文化、传统打铁文化。

4.3.3　治理目标

以防洪和水生态修复为主，兼顾河道水文化水景观提升及水资源利用水平提升。力图通过南溪的治理促进河道生态保护与修复，促进亭旁镇红色文化的传承与发展，促进亭旁镇经济的发展与转型升级，促进亭旁镇居民知水乐水，使河道治理更具有活力和生命力。

4.3.4　工程总布局

工程治理河道 5.16km，其中南溪干流 4.86km，范围为铁场村至河口前楼村，支流模溪 0.3km。工程共拓宽河道 0.81km，生态化堤岸改造 5.9km，新建堤顶道路 9.4km，滨水步道 3.2km，新建固河堰坝 2 座，文化景观改造堰坝 4 座（图 4.3－1）。

图 4.3－1　工程总平面布置图

4.3.5　工程效果

（1）生态性营建——岸线调整及生态护岸设计。根据周边城市规划、遵循河道整体的自然走势，对老河道进行拓宽、疏浚，且结合景观节点布置，统筹考虑征地及生态工程措施，恢复河道的蜿蜒形态。设计多种类型的护岸，丰富岸线的多样性。

（2）体验性融入——城市共享滨水空间设计。尊重现状堤岸条件及滩地现状，结合堤顶防汛通道建设，设计了贯穿全线的滨河绿道慢行系统及沿线多处休闲节点，丰富人们的滨水体验，满足不同的滨水需求，实现城市河道治理惠民、利民的目标（图 4.3－2 和图 4.3－3）。

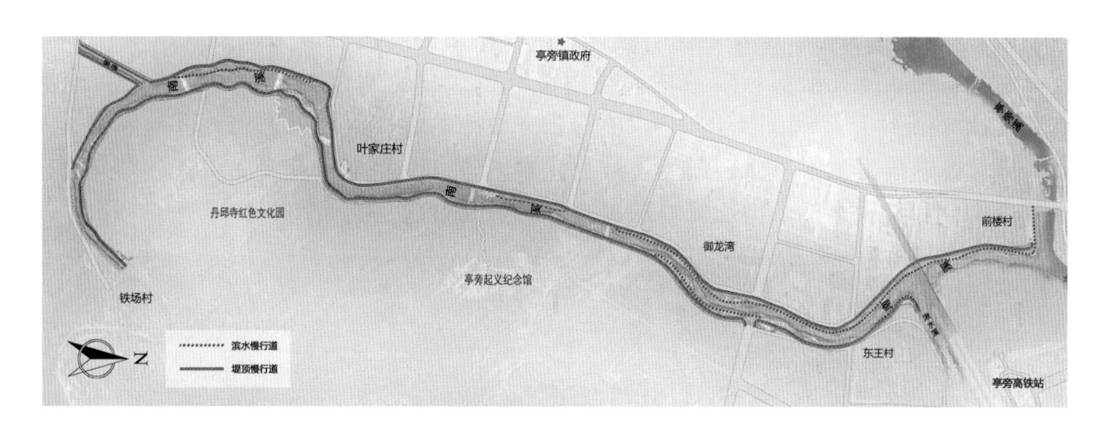

图 4.3-2 堤线绿道布置图

图 4.3-3 绿道平面布置及改造效果

（3）人文性表达——南溪文化的融入与提升设计。

1）红色文化表达。以发生在亭旁溪、南溪附近的红色故事为线索（图 4.3－4），以南溪为主轴，依托沿溪绿道的建设将南溪红色文化空间按主要历史事件进行主题节点设计（图 4.3－5 和图 4.3－6）。配套服务设施的设计以红色为主，以玻璃钢、木质、石材、锈板为主要材质。通过将红色元素以镂空或浮刻的方式展示，详细介绍相关革命故事和英雄事迹，增加场地的趣味性，烘托红色文化氛围。

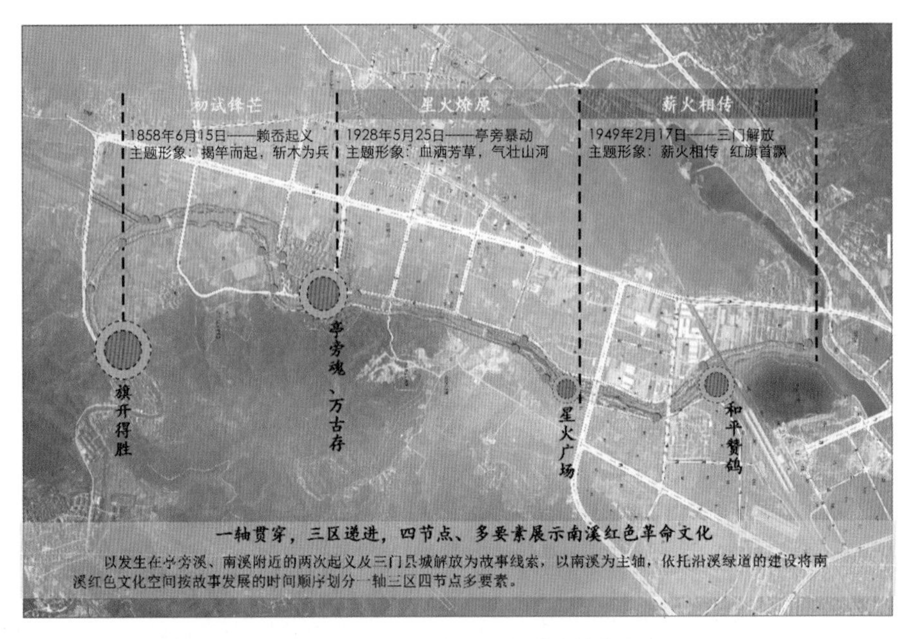

图 4.3－4　红色文化空间规划结构图

图 4.3－5　主题节点效果图（一）

图 4.3-6　主题节点效果图（二）

2）宗教文化表达。提取相关图案与堰坝的平面形式巧妙结合（图 4.3-7 和图 4.3-8）；大量应用荷花、银杏、七叶树、石蒜等被人们赋予文化内涵的植物，使其在发挥自身的观赏特性和生态效益的同时，发挥文化象征作用，烘托场地的意境和氛围，突出滨水景观的人文色彩。

图 4.3-7　现状及效果图（一）

图4.3-8　现状及效果图（二）

3）打铁文化表达。以绿道建设为契机，以展示铁场村独特的打铁手艺，弘扬工匠精神为特色，结合特色民居的改造再利用，将其打造成集餐饮、住宿、休闲为一体的特色村庄。

4.3.6　小结

（1）方案设计阶段，可尝试对上游城市规划提出合理化修改建议，实现城市设计和河道治理格局的最优化布置。

（2）山溪性河道坡降大，流速快，河道治理的第一要义是做好防冲设计，包括土建结构的防冲设计及植物材料和种植方式的选择。

（3）河道的综合治理要充分挖掘流域沿线水文化，做到既保证安全性、美观性，又兼顾景观的人文性表达，对毗邻镇区的河道，休闲性和趣味性亦要着重笔墨，使城镇滨水空间真正成为富有文化内涵的活力区块。

4.4　区域水环境治理——治太五大工程（基本建成）

4.4.1　项目背景

太湖流域地处长江三角洲的南翼，三面临江、滨海，一面环山，北抵长江，东临东海，南滨钱塘江，西至天目山、茅山等山区。太湖流域行政区划分属江苏省、浙江省、上海市和安徽省，总面积36895km^2，其中，在浙江省内的面积为12093km^2，约占总面积的32.8%，分属杭州、嘉兴和湖州3市。太湖流域地形呈周边高、中间低的碟状地形。其西部为山区，中间为平原河网和洼地湖泊，北、东、南周边地势较高，形成碟边。西部山丘区面积约占总面积的20%，中东部广大平原区面积约占总面积的80%。流域水网密布，水域面积5551km²，约占流域总面积的15%，其中，湖泊面积3159km²，河道面积2392km²。太湖流域东部临海，排水时受潮汐顶托影响明显。

“一轮治太”涉及浙江省环湖大堤工程、太浦河工程、南排后续工程、红旗塘工程、北排通道工程、东西苕溪防洪工程等六项骨干工程。1991年开始兴建，2005年年底完成，基本形成“北排入太湖、东排入黄浦江及南排入杭州湾”的格局，提高了流域和区域防洪排涝能力，在抵御1996年洪水及1999年特大洪水抗洪斗争中发挥了重要作用。

2007年5月底，太湖蓝藻暴发，导致水体污染严重、水资源承载能力不足、防洪减灾能力低等问题，引起社会广泛关注。经国务院常务会议审议通过的《太湖流域水环境综合治理总体方案》（以下简称《总体方案》）中，浙江省的主要水利工程有：太嘉河、平湖塘延伸拓浚、苕溪清水入湖河道整治、杭嘉湖地区环湖河道整治和扩大杭嘉湖南排等五大工程。五大水利工程也是《太湖流域防洪规划》《太湖流域水资源综合规划》和《杭嘉湖地区防洪规划》等规划推荐的重点工程项目。

4.4.2 工程任务及设计标准

1. 工程任务

提高太湖流域和杭嘉湖地区水环境容量及区域水资源优化配置能力，改善流域和区域水环境，完善流域和区域排涝格局，兼顾航运的综合利用。

2. 设计标准

（1）水环境：在现状污染源水平下，结合南排闸门调度，使平原河网COD、氨氮指标浓度分别降低8%和18%。

（2）水资源配置：到2020年，在遭遇流域1971年型枯水年和1990年型平水年后，太湖向杭嘉湖地区供水量分别达到38.1亿m³和29.8亿m³。

（3）防洪排涝：以太湖全流域“99南部型”100年一遇洪水为设计标准，安排骨干工程排水量和工程规模。

4.4.3 工程总体布局

工程总体布局可分为西片的苕溪清水入湖项目及东部平原的引排通道及泵站。五大项目工程总投资约173.6亿元。

西片的苕溪清水入湖工程主要实施水环境改善工程（包括沿河居民及污染企业搬迁工程、河道清淤工程、截污及处理工程、沿河垃圾清除工程、沿河矿山污染整治工程、水生态修复工程）和河道整治工程（包括西苕溪整治工程、东苕溪整治工程、长兴港整治工程和杨家浦港整治工程）。工程涉及整治河道长度208.2km，总投资57.0亿元。

东部平原引排通道及泵站项目包括上游的太嘉河工程、杭嘉湖地区环湖河道整治工程以及下游的平湖塘延伸拓浚工程及扩大杭嘉湖南排工程。

太嘉河工程涉及杭嘉湖东部平原的两条主要环湖骨干河道——幻溇港和汤溇港。幻溇港和汤溇港是运西河网与太湖联系的纽带，非汛期遇干旱时引太湖水入东部平原，具有重要的水环境改善和水资源调配效益；遭遇流域和区域洪水时，排泄杭嘉湖东部平原部分涝水入太湖，具有良好的排水效益。工程涉及整治河道长度53.7km，总投资19.1亿元。

环湖河道是沟通杭嘉湖运西平原河网与太湖的纽带，也是太湖流域治理工程中北排水系重要水利工程设施之一。杭嘉湖地区环湖河道整治工程包括大钱港整治、罗溇港整治、濮溇港整治。河道整治长度38.65km，新建沿河两岸堤防74.04km，两岸口门处理工程14处，涉及跨河桥梁处理41座（新建1座、拆建30座、利用8座、拆除2座），工程总投资14.6亿元。

平湖塘延伸拓浚工程包括南郊河整治、平湖塘整治、北市河整治、独山干河整治以及独山闸枢纽（排水规模为537m^3/s，净宽40m），总投资27.5亿元。该工程在尽量利用现有河道的基础上，通过线路比较，提出工程总布局：河道西起嘉兴市京杭古运河，经新开南郊河接高等级航道平湖塘至平湖市西部，新开北市河接上海塘和东市河经平湖市北面至平湖城东，南市河接东市河经平湖市南面至平湖城东；拓浚黄姑塘老河道；新开部分独山干河至新建的独山闸入杭州湾。河道全长77.48km。其中利用老河道19.2km，疏浚河道13.9km，拓浚河道21.05km，新开河道23.33km。

扩大杭嘉湖南排工程位于杭嘉湖东部平原，包括5条河道和4座排水泵站。由长山河延伸拓浚工程、长水塘整治工程、洛塘河整治工程、盐官下河延伸拓浚工程、南台头闸前干河防冲加固工程、长山河排水泵站工程、南台头排水泵站工程、三堡排水泵站工程和八堡排水泵站工程等项目组成。工程涉及整治河道长度163.9km。扩大杭嘉湖南排工程总投资55.4亿元。

4.4.4 工程整体效果

1. 防洪方面

从排水量看，工程实施后排水格局得到优化。南排水量有明显增加；同时杭嘉湖向太浦河北排和向下游江苏、上海等地区东排黄浦江水量有明显减少，说明杭嘉湖区水环境综合治理水利重点工程除了本地区的防洪除涝效益外，同时具有良好的流域防洪减灾效益。

从水位和高水位持续时间看，最高水位明显降低，持续时间明显减少。杭州拱宸桥最高水位降低0.53m，高水位持续时间减少147h。湖州三里桥最高水位比现状降低0.37m，高水位持续时间减少80h；嘉兴最高水位降低0.28m，高水位持续时间比现状减少81h。

2. 水资源方面

工程实施后，进一步提高了杭嘉湖地区引排能力，引排水量大幅增加，可在有效补充杭嘉湖地区水资源量的同时，增加杭嘉湖地区与太湖的水量交换，缩短太湖换水周期，改善河网水环境。遇1971年型枯水年，杭嘉湖地区环湖口门河道引水量为38.1亿m^3，较工程实施前增加6.67亿m^3。

4.4.5 小结

（1）该工程的建设对改善流域和区域水环境，提高区域水资源调配能力和防洪减灾能力，促进社会经济发展具有重要意义。

（2）流域治理的多目标，即水安全、水资源、水环境要统筹考虑不可拆分；工程规模与目标紧密挂钩。

（3）流域的尺度远大于城市，所以城市治水的经验不适用于流域。

结　语

随着生态文明建设的加快推进，河湖治理越来越向生态化、综合化方向发展。河湖治理模式上，传统的单目标模式被摒弃而逐步向多目标演进。河湖治理技术也在跨界整合与发展。

河湖综合治理涉及多个专业多个技术领域。河湖水利技术革新是从新材料的使用开始的。柔性堤岸逐步取代刚性堤岸，以及生态格网、生态砌块、生态混凝土、生态袋等新材料的大量运用，逐步改变了过去堤岸“渠化”“白化”“硬化”的传统印象。

本书阐述的河湖治理技术包括河道的堤岸整治、水体污染防治、引水改善水质、河流生态修复、海绵城市与低影响开发技术、疏浚清淤技术等。

在软基条件的河道以及房屋密集区河道的堤岸整治中，排桩式、门架式结构虽然造价高昂，但仍有其不可替代的应用条件。在城市滨河带，移动式、拼装式、折叠式防洪墙结构开始得到应用，而政府和社会资本合作（public-private partnership）、租赁等模式的出现似乎使其应用更有前景。气盾坝克服了传统橡胶坝、水力翻板坝的一些缺点，作为它们的升级版应用逐步增多。新型堤岸结构的出现和应用，很大程度上解决了诸多传统技术难以解决的问题。

水体污染防治是水环境综合治理的重要方面，市政截污、治污技术特别是小型一体化现地处理设备、农村生活污水处理技术等大量在河湖治理领域应用。北京永定河治理中以环境合同管理模式串起多个超磁透析处理站。目前此类传统用于工业废水处理的透析技术作为河道污染水体的应急处置手段或过渡性治理手段也很有用武之地。各类水体修复技术层出不穷，砾间接触氧化工艺在台湾淡水河的治理中大放光彩；以沉水为主的水生生态体系构建技术在北京、上海等地的封闭水体或小型湖泊水体的应用效果令人印象深刻；整合了微生物技术、纳米曝气和人工水草技术的组合生态浮床用于义乌等地的污水处理厂尾水提标效果令人满意。此外，在截污体系越来越完善的今天，初期雨水越来越成为城市河道污染的主因，这也已经逐步成为共识，在沿海经济相对发达的城市，雨水处理及回用技术越来越多地得到重视和应用。

引水改善河道水质往往有立竿见影的效果，也是当前比较通行的做法。例如杭州的珊瑚沙引水项目从钱塘江向杭州运河西片补水，“四港四河”区域水质直接从劣Ⅴ类跃升至Ⅲ类。但是对于水资源短缺地区，引水以消耗宝贵水资源为代价，往往是不可持续的，所以大部分时候引水不应作为优先手段，而作为补充性措施比较合适。对于山区性河流还有生态基流的问题，河流应维持一定的生态流量。在某些情况下，通过拦蓄地下潜流抬升地下水位可以缓解缺水造成的生态破坏。河流上游的水电开发更要关注生态基流问题，某些时候设置生态小机组或生态放水孔放水，也是一种可行的应对手段。

河流生态修复技术是近年新兴起来的一类技术体系或工法。而其中以日本多自然型河流治理技术为典范，提出了恢复河流自然形态、保护水边低地、营造水陆过渡带、浅滩深潭、透水堰坝等生态工法。水源地保护方面，平原河网地区采用人工湿地技术修复生态提升水质，已经有成功的范例，如嘉兴的石臼漾水厂和贯泾港水厂的前置湿地。而对于供水水库，采用库尾湿地或生态隔离带强化水源保护，解决库尾消落带耕作问题，已经有比较成功的经验，如绍兴汤浦水库、安吉凤凰水库、老石坎水库等。

海绵城市与低影响技术（LID）是近年非常高热的名词。其实海绵城市与LID也可以理解为新兴的城市水利技术体系，它的主要作用是“减排”，即削减城市面源以及缓减城市排涝压力两方面的效用。海绵城市的精髓在于“渗”“蓄”“滞”“净”“用”“排”六个方面。但是也应该认识到，对于海绵城市的减轻排涝压力方面的作用，不能寄予过高的期望，特别是东部沿海台风影响大的地区。

疏浚清淤技术特别是环保清淤技术也是近年业界越来越关注的技术领域。清污泥是河道内源治理的重要方面。对于大量建于20世纪50—60年代的供水水库，底泥对水质的影响以及周期性水质超标问题越来越凸显。环保清淤关注本底调查、环保施工方法、泥的减量化、资源化、无害化处置，以及余水处理。

河湖治理中，滨水景观被赋予了更多的功能和任务，远不止“好看”。滨水空间因其涉水特性以及公共共享空间特性，需要承载多个功能，而景观是串联起各功能的“主线”。滨水空间的保护、利用、开发需要确定可为或不可为的边界，需要进行生态安全格局的分析。另外，河湖作为城市或一地区的“绿肺”和“生态走廊”，又往往起到了产业引导的作用，这些都是“高效能”景观需要关注的问题。

今天，河湖治理也在从“工程建设”走向“管理”，信息化、标准化建设是河湖治理的重要内容。物联网、云计算、大数据、GIS、移动互联网，这些都已经应用于智慧河湖建设。另外，越来越多的各界人士意识到，河湖治理远不止是政府的责任，社会、公众参与正在成为河湖治理越来越重要的组成部分，以“绿色浙江”为代表的NGO（非政府组织）也越来越多地在治水中扮演重要角色。

综合治理思路下，传统的单一、分条块的治理模式被突破，专业界限也越来越模糊化，水利、景观、环境工程、生态学、市政给排水多专业交叉与融合。相关的分支技术体系也在工程实践中逐步演进与形成。本书在综合治理技术体系下介绍了实践中河湖综合治理技术的组合运用。

台湾省淡水河与浙江省的独流入海河流特性比较相似，地域特点、经济发展状况都相近，淡水河的治理经验对浙江省河流治理具有重要借鉴价值。可以借鉴的主要手段或措施有：水环境治理规划、水源地保护与产业控制、截污纳管、遏制偷排、跨县市污水处理、现地处理以及公众参与。

新加坡的Kallang河改建项目是一个城市河道生态修复和景观改造的经典案例，为恢复河流自然形态、水域景观利用与安全防护、雨洪利用与管理提供了一个“标准样板”。在国内，安吉县石马港生态改造工程虽然“小微”，但是作为山区性城市河道的生态修复很有示范意义。无锡市惠山区钱桥洋溪南岸综合整治工程尝试了堤防的隐化以及与城市景观的结合，并不太“新”的观念却在当地引起了不小的“震动”。因地制宜，治污水、生态补水与造园结合，杭州西湖长桥溪整治是城市园林与水环境治理的典范，也是城中村综合整治极为成功的案例。黑臭河的治理有时是个系统而较为长期的过程，需要过渡性措施，平阳县的昆阳镇城市河道的治理采用了定点生态补水、截污及环通河道、一级强化处理的应急措施以及原位生态修复强化措施，很具有代表性。

贵州六盘水市的阿哈供水水库清淤项目是一个极具典型意义的项目。从水库的底泥调查、疏浚规模论证，到环保型疏浚设备选择、工艺设计、施工布置、供水取水口保护，再到底泥的干化处置、资源化利用、余水处理，最后到风险防范，提出了一套相对完整的工作流程，对其他供水水库的清淤工作很有参考价值。

城市湖泊是河湖治理中重要的方面。诸暨市高湖蓄滞洪区改造项目将正常运用的蓄滞洪区与城市景观湖泊结合起来，充分体现了空间“共享”的思想，为海绵城市建设提供了一种新的思路。萧山的湘湖、海宁的鹃湖则将城市湖泊赋予了备用水源的功能。玉环湖的治理提出了水系优化、清水入湖、生态修复、景观提升、水体淡化、智慧河湖等系统治理的思路，并策划实施了一系列试点工程，为受污染的亚咸水湖泊治理提供了一个系统性治理模板。

湿地似乎已经是“生态”的代名词。安吉县的乌象坝湿地探索了山溪性河道型湿地的生态修复，并提出了洪水与常水兼顾、引导型修复和尽量减少人工干预等治理理念。同时，在骨干行洪河道建设“野趣型”湿地公园更是一种大胆的尝试。

滨水绿道也是近年河湖治理中的新生事物。过去，由于过于强调河道的行洪功能，滨水空间的利用成为“敏感区域”。如今，滨水空间特别是城市滨水空间，更强调“共享”。只要符合水利的规律，滨水空间可以成为公共绿色空间，而其中最重要的载体就是绿道。今天在浙江省，景宁县小溪绿道、龙泉市龙泉溪绿道、海宁市洛塘河绿道、文成县飞云江绿道，有的已经成为景区，有的成为老百姓最喜爱的休闲场所。绿道承载了文化，提升了人气，串起了两岸景点，已经越来越成为河流治理中最重要的元素。

城市要拓展，流域要生态保护，安吉县的西港溪流域综合治理规划提出了一些大胆而又创新的思想。比如，洪水是河流生态系统的重要组成，没有洪水河流就会退化，所以引入洪水防止河流退化；城市发展与河流生态保护的结合，优先保护；挖掘水利设施的景观功能；生态补水提高环境承载能力，滨水空间的低密度开发利用等。西港溪规划提出了河流从生态治理向人水和谐的愿景，这也是未来河流治理的方向所在。

以俞孔坚领衔的北京大学土人景观团队在其多年“景观治水”实践中，也提出了一些鲜明的观点。比如“让土地回归生产”（沈阳建筑大学校园案例）；“尊重足下文化”（广州中山岐江公园）；“与洪水为友”（黄岩永宁公园）；“让自然做功”（天津桥园）；“城市中的绿色海绵”（哈尔滨群力湿地公园）；“最少的干预”（秦皇岛汤河）；“多功能景观”（上海世博会后滩公园）；“将工程变为艺术”（金华燕尾洲公园）；“建筑的景观和生态化”（张家界哈利路亚音乐厅）；“微景观的高效节能”（室内设计）等。虽然有些观点在业界引起了一些争论，但不得不承认它们非常值得令人深思，而有些更令人叹服。

河湖综合治理涉及水利、环境工程、园林景观等多个技术领域，博大而精深。然而，很少有河湖综合治理的案例汇编。本书汇编了浙江省水利水电勘测设计院有限责任公司近年水环境综合治理的一些案例，突出“综合”、突出“跨界”，意在区别于传统的治水方法和理念。

参 考 文 献

［1］ 安树青．湿地生态工程［M］．北京：化学工业出版社，2003.

［2］ 包建平，朱伟，闵佳华．中小河道治理中的清淤及淤泥处理技术［J］．水资源保护，2015，31（1）：56－62.

［3］ 财团法人河道整治中心．多自然型河流建设的施工方法及要点［M］．北京：中国水利水电出版社，2003.

［4］ 曹群，余佳荣．农村污水处理技术综述［J］．环境科学与管理，2009，34（3）：118－121.

［5］ 曹文平，王冰冰．生态浮床的应用及进展［J］．工业水处理，2013，33（2）：5－9.

［6］ 陈思光，王劲松，周志武，等．城市雨水处理研究现状与进展［J］．南华大学学报（自然科学版），2010，24（3）：103－106.

［7］ 陈忠兰，古宝和．生态格网在河道整治工程中的应用［J］．上海水务，2007（2）：28－30.

［8］ 戴鼎立，何圣兵，陈雪初，等．湖库环保疏浚底泥的脱水干化技术研究进展［J］．净水技术，2012，31（1）：80－85.

［9］ 杜旭，等．植物篱与石坎梯田改良坡耕地效果研究［J］．中国水土保持，2010（9）：39－41.

［10］ 冯钧，许潇，唐志贤，等．水利大数据及其资源化关键技术研究［J］．水利信息化，2013（4）：6－9.

［11］ 海绵城市建设技术指南［Z］．北京：住房城乡建设部，2014.

［12］ 和艳，李迎彬．景观生态安全格局模型在滇池流域空间研究的应用［C］．中国城市规划年会，2012.

［13］ 黄佳音，胡保安，田桂平．适于河湖环保疏浚的设备介绍与发展趋势探讨［C］．中国第四届国际疏浚技术发展会议论文集，2011.

［14］ 黄薇，张劲，桑连海．生物浮岛技术的研发历程及在水体生态修复中的应用［J］．长江科学院院报，2011，28（10）：37－42.

［15］ 黄英豪，董婵．淤泥处理技术原理及分类综述［J］．人民黄河，2014，36（7）：91－94.

［16］ 霍守亮，席北斗，荆一凤，等．环保疏浚底泥干化技术研究［J］．环境工程，2007，25（5）：72－75.

［17］ 姜德娟，王会肖，李丽娟．生态环境需水量分类及计算方法综述［J］．地理科学进展，2003，22（4）：369－378.

［18］ 蒋军，张俊，张楚，等．曝气、微生物修复技术在南库支浜河治理中的应用研究

[J]. 广东化工，2013 (10)：117 - 119.
[19] 金相灿，李进军，张晴波．湖泊河流环保疏浚工程技术指南 [M]．北京：科学出版社，2013.
[20] 李恒鹏，朱广伟，陈伟民，等．中国东南丘陵山区水质良好水库现状与天目湖保护实践 [J]．湖泊科学，2013，25 (6)：775 - 784.
[21] 梁启斌，邓志华，崔亚伟．环保疏浚底泥资源化利用研究进展 [J]．中国资源综合利用，2010，28 (12)：23 - 26.
[22] 林莉，李青云，吴敏．河湖疏浚底泥无害化处理和资源化利用研究进展 [J]．长江科学院学报，2014，31 (10)：80 - 88.
[23] 刘晶，秦玉洁，丘焱伦，等．生物操纵理论与技术在富营养化湖泊治理中的应用 [J]. 生态科学，2005，24 (2)：188 - 192.
[24] 刘燕，尹澄清，车伍植．草沟在城市面源污染控制系统的应用 [J]．环境工程学报，2008，2 (3)：334 - 339.
[25] 苏义敬，王思思，车伍，等．基于“海绵城市”理念的下沉式绿地优化设计 [J]．风景园林研究前沿，2014 (3)：39 - 43.
[26] 卢宝倩，黄沈发，唐浩．滨岸缓冲带农业面源污染控制技术研究进展 [J]．水资源保护，2007，23 (1)：7 - 10.
[27] 刘云峰．三峡水库库岸生态环境治理对策初探 [J]．重庆工学院学报，2005，19 (11)：79 - 82.
[28] 刘志刚．底泥疏浚工程中余水处理技术 [C]．全国河道治理与生态修复技术交流研讨会论文集，2012.
[29] 吕玲，吴普特，赵西宁，等．城市雨水利用研究进展与发展趋势 [J]．中国水土保持科学，2009，7 (1)：118 - 123.
[30] 米帅．杭州河道清淤方式技术研究 [J]．市政技术，2016，34 (1)：114 - 116.
[31] 年跃刚，范成新，孔繁翔，等．环保疏浚系列化技术研究与工程示范 [J]．中国水利，2006 (17)：40 - 42.
[32] 潘畅．生态沟渠对氮磷的净化及狐尾藻对氮的去除研究 [D]．武汉：华中农业大学，2011.
[33] 彭举威，汪诚文，付宏祥，等．分散农村污水处理模式分析 [J]．环境与可持续发展，2010 (1)：28 - 30.
[34] 彭旭更，胡保安．面向污染水体的底泥环保疏浚技术与资源化利用 [J]．水资源与水工程学报，2009，20 (6)：95 - 97.
[35] 钦志强，祝卓，胡献明．柔性生态袋在河道生态建设中的应用 [J]．浙江水利科技，2010 (4)：111 - 112.
[36] 沙志贵，肖华，罗保平，等．淤泥脱水固结技术在环保清淤工程中的应用 [J]．人民长江，2013，44 (11)：64 - 66.
[37] 滕庆晓，王涌涛，庞燕，等．人工水草技术在污染河道治理中的应用进展 [J]．安徽农业科学，2015，43 (3)：269 - 272
[38] 王鸿涌．太湖无锡水域生态清淤及淤泥处理技术探讨 [J]．中国工程科学，2010，12 (6)：108 - 112.

[39] 王晓东，蒋建．淤泥处理技术研究综述［J］．科技咨讯，2009（10）：154－155.

[40] 王彦红．城市雨水收集与利用研究［J］. 洛阳理工学院学报（自然科学版），2010（1）：11－13.

[41] 温金锋．智慧水利浅谈［J］．硅谷，2014（7）：22－23.

[42] 谢晓华．三维土工网植草在加固河岸边坡工程中的应用［J］．水运工程，2004（1）：71－72.

[43] 许晔，孟弘，程家瑜，等．IBM“智慧地球”战略与我国的对策［J］．中国科技论坛，2010（4）：123－125.

[44] 杨晨辉．基于 PP 织物袋的生物护坎机理研究［D］．咸阳：西北农林科技大学，2014.

[45] 杨芸．论多自然型河流治理法对河流生态环境的影响［J］．四川环境，1999，18（1）：19－24.

[46] 游畅．特大城市主城与新城增长边界的划定与实施——以武汉市三环线生态隔离带为例［C］．中国城市规划年会论文集，中国城市规划学会，云南科技出版社，2012.

[47] 俞孔坚，李迪华．城市景观之路——与市长们交流［M］．北京：中国建筑工业出版社，2003.

[48] 曾瑞胜，庄建树，冯小琴．河道疏浚淤泥处理技术探讨［J］．浙江水利科技，2002（3）：32－33.

[49] 张春雷，管非凡，李磊，等．中国疏浚淤泥的处理处置及资源化利用进展［J］．环境工程，2014，32（12）：95－99.

[50] 张丹，张勇，何岩，等．河道底泥环保疏浚研究进展［J］．净水技术，2011，30（1）：1－3.

[51] 张璐，周利．超声波除藻技术的研究现状与展望［J］．给水排水工程，2014，32（6）：94－97.

[52] 张卿云，侯玥，李洪磊，等．我国云计算产业发展现状分析及发展建议［J］．企业技术开发：上旬刊，2015（6）：13－16.

[53] 赵华，庞晓丽，张超．城市水系的生态堤岸设计［J］．北京林业大学学报：社会科学版，2010（2）：94－100.

[54] 浙江省水利水电勘测设计院．阿哈水库底泥环保疏浚实验项目实施方案［R］．杭州：浙江省水利水电勘测设计院，2015.

[55] 周霖，黄文氢．用杀藻剂抑制湖泊蓝藻水华的尝试［J］．环境工程，1999，17（4）：75－77.

浙江省水利水电勘测设计院有限责任公司简介

浙江省水利水电勘测设计院创立于1956年，2021年完成公司注册登记，正式更名为浙江省水利水电勘测设计院有限责任公司（以下简称“浙水设计”）。

公司注册资本6亿元，是具有工程咨询、工程设计、工程勘察等12项甲级资质的大型勘测设计单位，位列全国工程咨询行业综合实力百强，是全国优秀勘察设计院、国家高新技术企业，连续六届蝉联“全国文明单位”。

浙水设计拥有各类专业技术人员约1200人，其中高级工程师及以上300余人，持各类执（职）业资格证书600余人次，拥有浙江省勘察设计大师、水利部“5151人才”、水利部“青年拔尖人才”等行业领军人才20余人次。先后获得省部级及以上各类科技进步、勘测设计、科技咨询等奖项570余项。

浙水设计深耕水利水电业务，多年来，在流域区域综合规划、大型枢纽闸站及长距离输配水工程设计、水利工程建设与运行管理、智慧水利等领域逐步形成了核心竞争力。公司设计的曹娥江大闸被誉为“中国第一河口大闸”，温州市瓯飞一期围垦工程是国内单体最大的围垦工程，杭州市第二水源千岛湖配水工程在国内首创碗式配水井方案，宁波澥浦闸站的竖井贯流泵单机流量国内第一，南极洛河水电站在千米级水头电站中装机容量国内最大，柬埔寨马德望（Battambang）多功能水坝项目是“一带一路”标志性工程，曹娥江数字孪生建设是水利部数字孪生流域建设先行先试项目。

新的时期，浙水设计将继续秉持“技术创领未来，责任成就梦想”的核心价值观，以“红色匠心 浙水设计”党建品牌为引领，立足“水利水电勘测设计、规划与数字水利、工程建设与运行管理、生态与市政建筑”四大业务板块协同发展，全面推进“从严治院、改革活院、质量立院、科技兴院、人才强院、文化塑院”六大工程，不断朝着全国水利勘测设计标杆企业的目标奋进。